改变生活的能源

陈积芳　主编
张金观　编著

上海科学技术文献出版社
Shanghai Scientific and Technological Literature Press

图书在版编目（CIP）数据

改变生活的能源 / 张金观编著．—上海：上海科学技术文献出版社，2020（2022.1 重印）
（领先科技丛书）
ISBN 978-7-5439-8004-4

Ⅰ．①改… Ⅱ．①张… Ⅲ．①生物能源—普及读物 Ⅳ．① TK6-49

中国版本图书馆 CIP 数据核字 (2020) 第 020221 号

策划编辑：张 树
责任编辑：王 珺 罗毅峰
封面设计：留白文化

改变生活的能源
GAIBIAN SHENGHUO DE NENGYUAN
陈积芳 主编 张金观 编著
出版发行：上海科学技术文献出版社
地 址：上海市长乐路 746 号
邮政编码：200040
经 销：全国新华书店
印 刷：常熟市文化印刷有限公司
开 本：720×1000 1/16
印 张：9
字 数：137 000
版 次：2020 年 6 月第 1 版 2022 年 1 月第 2 次印刷
书 号：ISBN 978-7-5439-8004-4
定 价：38.00 元
http://www.sstlp.com

目录

第一章　关于能源的概念

第一节　什么叫“能”

一、什么叫“能”

能是一种客观存在的物理属性，是一个物理概念。

能也可以指人的能力，自然界的能量、能源。

如人对食物的依赖就是为人的生命不断添加能量，使人体产生力量。人类的各种活动，如打球、走路、游泳等就是人体力量的外在表现形式。

能也可以看作一个人的能力大小，如一个人的工作能力、活动能力、学习能力、自理能力、语言表达能力等。

在物理学上，能有不同形态的表现，如：

动能→表示物体由于机械运动而具有的能。

位能→表示物体在万有引力、弹性力等势场中因所在位置不同而具有的能量。

热能→表示物质燃烧或物体内部分子不规则地运动时放出的能量。

机械能→表示机械运动具有的能。

化学能→表示化学反应中的释放能量大小。

光能→表示光具有的能量。

风能→表示空气流动产生的动能。

地热能→表示地球内部的热能。

海洋能→表示海洋中波浪、潮汐、海流、温差及盐差等所产生的能量。

二、能量

用来表示“能的多少”的度量称为“能量”。

能和能量是不同的概念。

能是一种工作能力大小的表示，是功率的概念。

能量是一种能力和作用多长时间所消耗的物理量。

例如一只电灯，其功率是100瓦，这是能的表示。现在这只电灯点了十小时，消费了1 000瓦·时（即一度电），这就是消耗了能量（电能）。

三、能源

能源是一种用来做功的物质，是一种产生能量的源泉。如煤、石油、天然气、核材料等。在自然界还有太阳能、风能、水能、地热能、生物质能、海洋能等。

以上这些不同的能源之间可以互相转换，而且这些不同的能源都可以通过不同的特殊设备转换成电能。而电能又可以通过各种特殊的装置，转换成风、光、水、热、机械动作等形式的能源。

第二节　能源的概念

一、什么叫“能源”

能源，顾名思义，是能量的来源。人类社会的发展离不开能源。自然的能源很丰富，有太阳能、风能、水能、生物质能、地热能和海洋能等。

二、能源的来源

地球上的一切能源，除地热能和核能外，其他各种能源都来自太阳能。如水能、风能、生物质能和海洋能等。

三、能源的发展史

能源是人类赖以生存和社会赖以发展的重要物质基础。能源使用的发展历史是伴随着人类历史的发展而前进的。

1. 原始时代：人类依靠太阳能取暖，住在山洞内遮风挡雨。走路靠两只脚，用篝火（利用生物质能）烧烤食物。当时过着游牧生活。

2. 农耕时代：当人类懂得用植物种子来种植各种食物，使生活有了保障，同时对某些动物进行圈养。人类过着定居生活，利用树枝、杂草来烧煮食物。同时，发现了煤，开始创造铜、铁的冶炼技术，制成各种刀耕火种的工具，使社会生产力大大提高。

3. 工业革命时代：煤在生活生产中的应用逐渐扩大了。十八世纪下半叶欧洲人瓦特改良了蒸汽机，用煤作燃料，开始了工业革命，使蒸汽机的使用范围迅速发展，用来开动火车、轮船，碾米等，人们开始了利用化石能源的历史。在人类的共同努力下，又发现了石油、天然气等化石能源。相继发明了内燃机、柴油机，使用于交通运输、机械制造等方面。

4. 电气化时代：自从人类发现了电，并进一步发明了交流发电机、交流电动机、变压器，又陆续发明了电灯、电话、电风扇、电暖器等，使世界进入电气化时代。现在已有电气火车、电梯、自动扶梯、电动自行车、电动汽车，进而发展到无人驾驶汽车等。

在电气化时代，使用的能源还是以化石能源为主，由于全世界大量消耗化石能源，使地球上的化石能源存量逐渐减少，“能源危机”的风险迟早会到来。同时化石能源的消耗产生温室效应，使气候变暖。

四、化石能源的储存情况（2009 年资料）：

种类	世界储量（可用年）	中国储量（可用年）
煤炭	170	100
石油	46	21
天然气	65	50

五、积极寻找新能源

为此，人们积极寻找新的能源，要能够持续不断地循环使用。如太阳能、风能、生物质能、海洋能、地热能等，这种永不枯竭的能源叫“新能源”。目前各国都在大力发展，有的国家争取在几十年内可以停止使用化石能源，只用新能源。

第三节　能源的分类

能源的分类有许多种分法：

一、按能源的取得方法不同，可分为一次能源和二次能源

1. 一次能源：指直接从自然界取得的能源，如煤、石油、天然气等。还有太阳能、风能、水能、生物质能等也属一次能源。

2. 二次能源：用一次能源加工后产生的另一种形式的能源叫二次能源。如用煤加工产生的煤气，用石油加工产生的汽油、柴油，用水能、风能、光能加工产生的电能。

二、按能源开始使用的时间不同，可分为常规能源和新能源

由于人类很早以前就使用煤、石油、天然气，故这些能源称常规能源。近几十年新发展的能源称新能源，如太阳能、风能、地热能、海洋能、生物质能等。

三、按能源的来源不同可分为化石能源和非化石能源

人们把煤、石油、天然气等从矿井中开采取得的能源叫化石能源（有时亦叫矿石能源），而把新能源称非化石能源。

四、按能源是否可循环利用，可分为不可再生能源和可再生能源

把煤、石油、天然气、核燃料等矿石燃料称不可再生能源，而把可循环使用的光能、风能、水能、生物质能、地热能、海洋能等称可再生能源。

五、按能源使用时对环境的影响，可分为清洁能源和不清洁能源

因为煤、石油、天然气在使用中产生的烟尘及二氧化碳排入大气会使地球气温变暖，污染环境，故称不清洁能源。而对光能、风能、地热能、海洋能称清洁能源，有时称绿色能源。

第四节　能源的转换

各种能源虽然形态不同，但可以相互转换，见下页示意图。

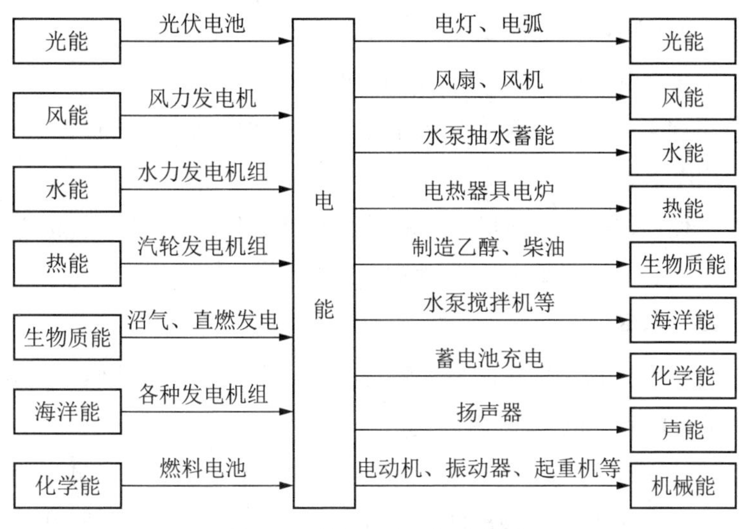

图 1-1 能源相互转换示意图

第五节 一种特殊形式的能源——电

先做一个小实验，把你的帽子和头发摩擦几下，把帽子放到纸屑的上面，离开一些距离，这时纸屑会被吸在帽子上。在日常生活中，碰到塑料薄膜会吸在手指上一时甩不掉，晚上脱下腈纶衣服时会发出小火花。

以上这种现象说明存在“静电”。

一、电是什么

“电”是一种特殊形态的能量，故称它为“电能”。

电能和光能、风能、水能、热能等一样是一种能量，而且这些能量通过不同的设备可以相互转换。

如太阳能 $\xrightarrow{\text{光伏电池}}$ 电能 $\xrightarrow{\text{电灯}}$ 发出光来

风　能 $\xrightarrow{\text{风力发电机}}$ 电能 $\xrightarrow{\text{电风扇}}$ 发出风来

水　能 $\xrightarrow{\text{水轮发电机}}$ 电能 $\xrightarrow{\text{水泵}}$ 送出水来

二、电的性能

1. 看不见→可以用验电笔来探测有无电，用电压表测量电压高低。

2. 听不见→可用声光验电笔来探测有效电声，说明有电了。

3. 摸不得→可以用绝缘工具对电气设备进行带电作业。

4. 藏不了→可以用蓄电池充电，把电储存在蓄电池内。

5. 跑得快→电以每秒 30 万公里的速度传送到远方。

6. 管得住→只可以在金属导体中流动。外面用绝缘材料包住它，就可以方便地使用电了。

7. 可方便地转换成其他形式的能量供人们使用，如电灯（光能）、电动机（机械能）、风扇（风能）、电炉（热能）。

三、电的种类

1. 静电：有正极和负极之分，特性是同极相斥、异极相吸。在现代工业中，使用静电的有静电复印、静电除尘等。

2. 直流电（DC）：也有正极和负极之分，正负极之间不能短路。日常生活中，使用的干电池就是最低电压的直流电，汽车中使用的蓄电池电压有 12 V、24 V 的。发电厂及变电站内使用的控制电源有 110 V 及 220 V 的。有轨电车、地铁使用的直流电压为 500 V ～ 550 V 的。远距离直流输电的电压更高，有超高压 ±500 kV。特高压直流输电的电压达 ±800 kV ～ ±1 100 kV。

3. 交流电（AC）：

（1）安全照明用行灯 6 V ～、12 V ～。

（2）低压交流电焊机 24 V ～。

（3）居民用电电压国家标准 220 V 属低压电。当人体接触带电设备时，就会触电。当流过人体的电流大于 10 ～ 50 mA 时就会有生命危险。国家规定，凡对地电压低于 250 V 的称低压，高于 250 V 的称高压。还规定，交流电的标准频率为 50 赫兹（50 Hz）。

（4）供电高压配电网是 10 kV 高压，经柱上变压器降压到 380 V。低压配电网是三相四线制，就是说其中三根是火线，一根是中线。两根火线之间电压是 380 V，每根火线的对地电压是 220 V。

（5）高压输电网：有 35 kV 输电线。

（6）超高压电网：
- 110 kV 输电线
- 220 kV 输电线
- 500 kV 输电线

（7）特高压输电线网：1 000 kV ～ 1 100 kV 输电线路。±800 kV 直流输电线路。

四、电的计量

1. 常用的电工计量名称及符号、单位

名称	符号	单位	符号	常用单位
电压	U	伏特	V	220 V，10 kV，110 kV，220 kV，500 kV，1 000 kV
电流	I	安培	A	5 A，10 A，1 A = 1 000 mA，1 000 A = 1 kA
电阻	R	欧姆	Ω	1 Ω，5 Ω，1 000 Ω = 1 kΩ，1 000 kΩ = 1 MΩ
电容	C	法拉	F	1 F，1 μF
功率	P	瓦特	W	100 W，1 000W = 1 kW，1 000 kW = 1 MW
电量	Q	千瓦·时	kW·h	1 度电 = 1 kW·h

2. 重要公式

（1）欧姆定律：电压＝电流 × 电阻（$U = I \times R$）

$$\text{电流}=\frac{\text{电压}}{\text{电阻}}\left(I=\frac{U}{R}\right)$$

$$\text{电阻}=\frac{\text{电压}}{\text{电流}}\left(R=\frac{U}{I}\right)$$

（2）电阻的串联：$R = R_1 + R_2 + R_3 + R_4 + \cdots + R_x$

（3）电阻的并联：$\frac{1}{R} = \frac{1}{R_1} + \frac{1}{R_2} + \frac{1}{R_3} + \cdots + \frac{1}{R_x}$

（4）功率＝电压 × 电流：$P = U \times I = I^2 \times R = \frac{U^2}{R}$

3. 一度电的作用

（1）一只 8 瓦节能灯可点亮 125 小时

（2）电动自行车可跑 80 公里

（3）电视机可看 10 小时

（4）电冰箱可用 2 天

（5）台风扇可用 15 小时

（6）可转炉炼钢 3.2 公斤

（7）可生产化肥 3 公斤

（8）可生产酒精 2 公斤

（9）可织布 6 米

（10）可生产水泥 100 公斤

第六节　各种发电方法

一、电是如何得来的

在自然界里存在雷电，这是因为移动的不同的云层，带着不同的电荷，有正电荷和负电荷。当电荷积聚到很高的电压时，并且两个云层间的电压达到可以击穿相距空间空气的时候，就会发生闪电，并发出巨大的雷声。云层和大地的山峰、树木、高的建筑物之间也会发生击穿闪电，所以会造成雷击事故，把树烧焦，将房屋劈出一个洞来，甚至将荒野中的行人雷击身亡。这种大自然的雷电至今还没有办法为我们所用，我们现在用的电是根据电磁感应原理，由各种发电机发出来的，如水轮发电机、汽轮发电机、风力发电机、光伏发电机、柴油发电机、燃气轮机等。

二、电是由其他能源转化得来的

根据能量不灭定律，电是一种特殊形式的能源，它是由其他形式的能源转化而来的。如风能、太阳能、水能、地热能、海洋能、生物质能、核能、化石能源等，都可以转换成电能。

这里要特别注意，化石能源（煤、石油、天然气）、核能、生物质能等是不能直接转化成电能的，而是先转化成热能，使水加热变成高温高压蒸汽，去推动汽轮机转动，带动同轴的发电机发出电来。这就是目前大量使用的火力发电。还有一种发电方式是利用柴油机组来发电，用可燃气体通过燃气轮机或天然气发电机组、沼气发电机组来发电。

三、发电厂的分类：

发电厂是生产电的工厂，由于发电所用的能源不同，故发电厂有许多种。

1. 火力发电厂，因为是用各种不同的能源材料来发电，故火力发电厂又可分为：

（1）燃煤发电厂

（2）燃油发电厂

（3）燃气发电厂

（4）生物质能发电厂

2. 柴油发电厂

3. 沼气发电厂

4. 水力发电厂（包括潮汐发电站、抽水蓄能电站）

5. 风力发电站

6. 光伏发电站

7. 核电站

8. 地热发电站

四、电的输送

发电厂发出来的电，如何送到千家万户的呢?

发电厂内的发电机发出来的电是高压电，有 6 kV、10 kV、13.8 kV等，经升压变压器升压到 110 kV、220 kV 甚至 500 kV，再由高压输电线路将电送到各地方的地区变电站。地区变电站降压到 10 kV 电压，通过高压配电网，送到城市各个街道，经过设在马路边的柱上变压器降压到 380 V。低压电成为低压配电网（三相四线制)，沿街道进入家庭进户总电源开关。

第七节　火力发电

火力发电厂是一座技术密集型的庞大的复杂系统工程，由输煤系统、锅炉系统、汽轮发电机系统、化水系统、电气系统等组成。现通过一组大型燃煤发电厂的图片来介绍发电厂的各组成部分。

一、发电厂的全貌:

13 台汽轮发电机组、12 台锅炉、最高烟囱 180 米，见图 1–2。

图 1–2　某发电厂厂容全貌

二、输煤系统：

1. 由海运到沪的煤通过转驳到500吨～1 000吨的煤船进入黄浦江（图1–3），运到发电厂的输煤码头（图1–4）。

图1–3　煤船

图1–4　发电厂输煤码头

2. 煤船靠在发电厂输煤码头后，由码头上的行车式抓煤机把煤抓起来放到码头上的皮带输送机上（图1–5）。

图1–5　煤的输送

三、锅炉系统：

锅炉是发电厂三大设备之一，燃料在庞大的炉膛内燃烧，将纯净之水变成高温高压蒸汽，去冲动汽轮发电机组发出电来。燃烧后的烟气通过除尘器引风机进入高180米的烟囱，排向大气。

要维持一台锅炉的正常运行，必须由给煤系统、送风系统、烟气系统、出灰系统、化水系统等系统协同工作才能完成。这些系统的控制，均在机炉集控室内完成（图 1–6）。

图 1–6　125 MW 机炉集控室

干出灰系统的贮灰库（图 1–7）。

图 1–7　贮灰库

湿出灰系统的沉灰池（图 1–8）。

图 1-8 沉灰池

四、汽轮发电机系统：

汽轮发电机系统，主要集中在汽轮机厂房内。汽轮发电机组是连在一根轴上的，包括汽轮机、发电机、励磁机。汽轮机是发电厂三大设备之一。六台 125MW 机组全貌见图 1-9。

图 1-9 六台 125MW 机组全貌

要保持汽轮发电机组的正常运行，必须保持子系统的安全运行，如凝结水系统、油系统、调速系统、循环水系统等。

五、电气系统：

发电机是发电厂三大设备之一。发电机由定子、转子和铁芯三部分组成。发电机有直流发电机和交流同步发电机。

发电机按线圈冷却介质不同又可分为空冷发电机、氢冷发电机和双水内冷发电机。

发电厂的电气系统由以下几个部分组成：电气一次结线系统、厂用电系统、直流系统及二次结线系统。二次结线系统指所有发电厂内电气设备的仪表监视、控制操作、继电保护及自动装置等设施。这些设备全部集中在电气控制室内，如图 1-10 是第一控制室。

图 1-10　第一控制室

第二控制室，见图 1-11。

图 1-11　第二控制室

发电厂发的电要送到电网内去，必须把发电机的电压升高，用升压变压器升压，通过升压站，把电送出去，见图 1-12。

图 1-12　发电厂输电设施

第二章　生物质能概述

第一节　什么叫生物、生物质、生物质能

一、什么叫生物

生物是地球上有生命特征的物质，经过几十亿年的发展进化而来的，是人类生存的物质基础。

地球上的生物资源十分丰富，有植物资源、动物资源以及微生物等，在我国：

1. 植物资源十分丰富：

（1）蕨类植物有约 2 600 种；

（2）裸子植物有约 300 种；

（3）被子植物有约 30 000 种。

2. 动物资源种类繁多：

（1）鱼类有约 3 000 种；

（2）鸟类有约 1 400 种；

（3）哺乳动物有约 600 种；

（4）爬行动物有约 400 种；

（5）两栖类动物有约 400 种。

3. 据科学家预测，在未来 20 ～ 30 年，地球上将有四分之一的物种会灭绝，其主要原因：

（1）大面积森林采伐、火灾和农垦的发展；

（2）草原过度放牧；

（3）生物资源的过度利用（如大量药材的应用）；

（4）工业化和城市化的发展；

（5）污染造成全球气温变暖。

4. 森林的优点：

（1）森林是“绿色财富”，是“地球之肺”，可以美化环境，提供食物、药材、燃料、原料等。

（2）森林能涵养水源，1 公顷森林一年能蒸发 8 000 吨水，使林区空气湿润，降水增加，调节气温，冬暖夏凉。

（3）森林能防风固沙，防止水土流失。

（4）森林能改善环境，减轻污染，吸收二氧化碳，制造新鲜空气（1 公顷阔叶林每天可吸收 1 吨二氧化碳，放出 0.75 吨氧气，每年可以吸附 50 ～ 80 吨粉尘）。

5. 破坏森林的后果：

（1）水土流失、风沙肆虐、气候失调；

（2）旱涝成灾，农业生产减产；

（3）破坏自然环境，破坏生态平衡；

（4）使食物质量和空气质量受到影响。

二、什么叫生物质

生物质是指一切有生命的可以生长的有机物质，如植物、动物及微生物。也包括动物的粪便、农作物的废弃物、人类生活中的有机垃圾等。

生物质分布很广，不但在陆地上大量存在，而且在江河、湖泊和海洋中也大量存在，如鱼类和各种藻类。

生物质的应用范围很广，如提供人类生活必需的农产品、畜禽产品、海产品等，提供医药用的大量中草药，供给生活及工业生产中的植物燃料，如秸秆、稻壳、树枝、木屑等。生物质也可以制肥料等使用。

三、什么叫“生物质能”

凡是生物都有有机物质，而有机物质具有一定的热值，这就是能量。我们把以生物质为载体的能量，叫生物质能。如农作物废弃物秸秆、稻壳、畜禽粪便、木屑、树枝、城市生活垃圾、市政污泥等。

生物质能是来源于绿色植物的光合作用，而且在自然界不断进行循环的，是“取之不尽，用之不竭”的可再生能源，见图 2–1。

图 2–1 生物质可再生能源

生物质能的应用十分广泛。在广大农村可以用作农户的家庭燃料，还可以用来制造乙醇、乙醇汽油、生物柴油，可用作飞机燃料油。

第二节 生物质能的特点及收集方式

一、生物质能的特点

1. 生物质一般都具有质地疏松、密度小、产品分布广、单位体积内含的热值少等缺点，用作燃料使用很不方便。此外，在收集、储存和运输方面也不方便。

2. 在农村农户用作生活燃料使用时，其热能利用率很低，约为 15% 左右。若在生物质直燃发电厂的生物质直燃锅炉中做燃料，其热能利用率可达 80% 以上。

3. 生物质能资源很丰富、分布很广，而且种类较多，目前的资源量是继煤炭、石油、天然气后的第四大能源。

4. 生物质能的优点是含硫量少，约为煤的十分之一到百分之一，故燃烧后不会产生酸雨的问题。严格讲，生物质是零排放物质。

5. 生物质是一种可循环产生的能源，是一种可以替代煤炭的“绿色能源”。如把秸秆制成固体成型燃料，则可以改变密度小、疏松的状况，且便于存储和运输，单位体积的热值可以大幅提高。一般两吨生物质固体成型燃料可以替代一吨煤，而且可以用于各种供热锅炉、发电锅炉中使用，解决北方城乡的取暖问题，可以减少废气和粉尘的排放，改善环境，降低大气的温室气体效应。

二、生物质的收集方式

全国粮食种植面积很大，秸秆的产量很多，生物质能资源利用的关键是秸秆的收集。现在的农田已适合机械化耕作。

1. 图 2–2 为天津市宝坻区欢喜村合作社农作物水稻秸秆打捆现场，每小时可打水稻秸秆捆 20 捆，每捆重量约为 230 kg。

图 2–2 欢喜村合作社水稻秸秆打捆现场

该现场应用“梦创”圆捆 9YG—1.3 型打捆机，见图 2–3。

图 2–3 “梦创”圆捆 9YG—1.3 型打捆机

2. 黑龙江大庆三林集团专利产品：秸秆回收利用田间作业机（秸秆联合收割机），见图 2–4。

此收割机主要到田间、野外把秸秆压缩成颗粒，变成原材料（解决农民收割、打捆、装运、储存等难题）。这些原材料可用于燃料、畜禽饲料、造纸、建材，也可制造生物柴油、乙醇、生物菌基料等。

图 2–4 秸秆回收利用田间作业机

秸秆回收利用田间作业机生产的秸秆压缩颗粒，见图 2–5。

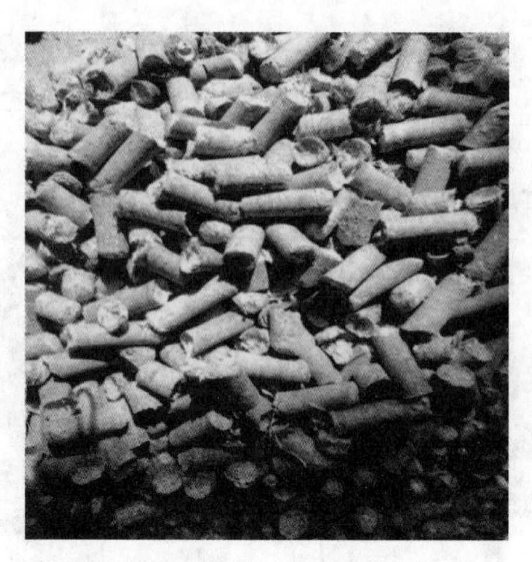

图 2-5　秸秆压缩颗粒

第三节　生物质能来自太阳能

一、关于太阳的常识

1. 太阳的半径：约为 6.96×10^5 公里。

2. 太阳的温度：太阳中心温度约为 1.4×10^7 开，表面温度约为 5.7×10^3 开。

3. 太阳能是由太阳内的氢经过核聚变而产生的一种能源，其表面释放出的能量约为 3.8×10^{19} 兆瓦。

4. 太阳到地球的距离：约为 1.5×10^8 公里。

5. 太阳每年给地球的能量：约为 5.4×10^{24} 焦耳。

6. 地球上的植物每年通过光合作用所转化并储存在植物中的太阳能约为 5×10^{21} 焦耳，是地球接收能量的千分之一，相当于当前世界燃料消耗量的十倍。

二、光合作用

1. 生物质能是植物通过光合作用，把太阳能转化并固化在植物中的能源。其中植物的叶绿素起关键作用，它以太阳能为动力，用叶片吸收空气中的二氧化碳和水，进行化学反应，使之转化成有机碳水化合物，并放出氧气至植物生长。

2. 光合作用分二步进行。

第一步：将无机物（二氧化碳和水）$\xrightarrow{\text{光合作用}}$合成有机物（碳水化合物）

其反应式：$CO_2 + H_2O \xrightarrow{\text{光能}} CH_2O + O_2 \uparrow$

这个过程，可视为太阳能通过植物的绿色体发生化学反应，并将转化成的碳水化合物储存在植物体内。

第二步：光合作用的产物是碳水化合物，主要成分是葡萄糖和淀粉，同时还可以进一步反应，从根部吸收土壤中的肥料（氮和磷），生成氨基酸（蛋白质）、脂肪以及植物纤维素等。

三、光合作用的起源

地球上植物的光合作用起源于蓝细菌（蓝藻）。当蓝细菌进入异养型生物细胞内以后，进一步演变为现在植物细胞内的叶绿体，此时这种异养型生物就变为自养型生物了。

全球海洋面积占地球总面积的70.8%，太阳射入地球的太阳能70%被海洋吸收，引起地球上的汽水循环，造成风能、水能、潮汐能、波浪能、海流能的产生。

海洋中也有许多水生植物在进行光合作用，如海带、紫菜等。其他主要是藻类生物和浮游生物，此类生物的生长供给海洋鱼类所需的食物。

第四节　国外生物质能的发展情况

21世纪以来发展生物能源成为全球热潮，重点在利用生物质生产乙醇和生物柴油以替代石化汽油、石油和柴油。2005年全球生物柴油产能达652.8万吨，2012年超过3 670万吨。

一、美国

2007年5月30日消息报道：美国最近由于市场对乙醇燃料需求猛增，推动美国农民大幅度提高玉米种植面积，增加燃料乙醇生产。2006年美国燃料乙醇产能达1 295万吨，超过巴西。美国生产生物柴油用转基因大豆作原料，2011年生物柴油年产115万吨。

二、巴西

巴西盛产甘蔗，从1929年以来，一直推动以甘蔗为原料的燃料乙醇的发展，2006年燃料乙醇总产量达1 275万吨，替代当年汽油消费的45%。

三、英国

英国主要利用木质草、五节芒、象草和矮柳等生物质能供学校、医院、工厂和发电厂供热和发电。在英国，能源作物和其他生物质能发电占英国总发电比例达 1%，同样利用生物质能供热的比例也占总供热比例的 1%。

1993 年 10 月英国建成世界上第一座鸡粪发电厂，燃料是鸡粪加木屑、秸秆的混合物，发电烧掉 12.5 万吨鸡粪，装机容量为 12 500 千瓦。

2005 年，英国建造世界上第一座草电厂，它用象草作燃料，产生蒸汽发电。

四、德国

在 1990 年建立了以菜籽油为原料生产生物柴油装置，生产的生物柴油在柴油车和拖拉机中使用。从那时起生物柴油这一产业在全球得到迅速发展，2002 年年产生物柴油 45 万吨，到 2005 年年产量上升到 166.9 万吨。

德国生物质能利用项目

该工艺是特别为有机废物和食物废料的发酵专门设计的（图 2–6），持续进料的水平推流发酵罐装载量大，产气量多。两侧的储存搅拌单元，连贯搅拌，排气理想，温度分布均匀。平推流发酵罐确保了所有物质的处理有确定的时间消耗，且进料和出料口之间不会发生轴向逆流或者短路。工厂的自动化水平高，维护及运营成本低，生物质利用率高。

培养基：能源作物 17 000 吨 / 年

生产能力：1MWel

图 2–6　德国生物质能利用项目

工厂类型：双层发酵器

能源利用：热电联产，污水污泥干燥用热

五、日本

日本在2007年1月已建成一套年产1120吨燃料乙醇的装置，以废木料为原料，2008年产能扩大到3 200吨。日本利用废弃食用油生产生物柴油，2006年已达40万吨。

六、印度

印度的国内石油产量满足不了国内的需求，故要依赖大量进口。同时印度的食用油也要大量进口。因此印度发展生物柴油必须靠非食用的果树油，如采用麻风树和水黄皮树作为生物柴油的原料。在2007～2012年间印度全国大规模种植麻风树，计划目标达到年生产330万吨的规模。

七、瑞士

瑞士在2005年下半年推广使用“绿色汽油”（E85汽油），该汽油含85%的生化酒精，其二氧化碳排放量比普通汽油减少80%，而且价格比普通汽油低20%。

八、丹麦

在节能减排和生态文明的建设中，丹麦的经验值得学习。他们突出以“零碳”为目标的“丹麦绿色发展模式”。在可再生能源开发利用方面，特别是风力发电和生物质能热电联产应用走在欧洲前列，能源自给率达156%。丹麦制订了新的能源目标：在2050年前建立一个完全摆脱对化石燃料依赖，并且不含核能的能源系统。计划到2020年可再生能源比例达35%。风力发电占全国的50%，大力发展分布式能源技术如沼气集中供热，秸秆及其他燃料混合燃烧集中供热等。

第五节　国内生物质能的发展情况

一、我国生物质资源的情况

1. 我国生物质资源有多少？

生物质主要指农林产品，如秸秆、果壳、林业废料、木屑、树枝等物。秸秆是量大面广的生物质资源之一，这和农业的发展有很大的关系。我国政府很重视农业的发展，连续十多年，发布的中央一号文件都说的是农村、农民、农业方面的“三农”问题。如2015年2月2日新华社报道，中央一号文件：“三农”工作需破解四大难题。

我国是一个农业大国，全国现有耕地面积约20.25亿亩，年产粮食约6亿吨，伴生秸秆量约7亿吨，稻壳4 000万吨，估计在田间烧掉约1亿吨。全国农业林业废弃物、城市生活垃圾、畜禽粪便、市政污泥等所有生物质能每年的总产量约有30亿吨。

2. 我国生物质资源的分布情况

我国生物质资源十分丰富，分布面很广。总的来看：

（1）东北地区以粮食生产为主，有丰富的农作物废弃物，可用于生物质发电。

（2）东北地区林业较多，有林业废弃物，可用木屑发电。

（3）西南地区和广东、广西盛产甘蔗，有许多制糖厂，可积极利用甘蔗渣发电。

（4）新疆地区产棉，可用棉秸秆发电。

（5）大中城市人口较多，生活垃圾的处理可以用垃圾焚烧发电，垃圾填埋场可以利用填埋气发电。

（6）广大农村可以利用农作物废料、畜禽粪便来产生沼气，用作家庭燃料。

（7）畜禽养殖场可以利用畜禽粪产生沼气，供暖及发电。

（8）在华北、华东、华中、华南各产粮区，农作物秸秆较多，可以发展秸秆直燃发电，秸秆制燃料乙醇、生物柴油等。

3. 我国生物质能的发展规则

（1）2009年12月26日全国人大第十一届第12次会议通过《可再生能源法修正案》，从2010年4月1日起施行。

2007年9月公布的《可再生能源中长期发展规划》中提出，发展生物燃料的总方针是坚持以人为本，坚持环境保护、坚持和谐利用、坚持可持续发展，同时做到不占耕地、不消耗粮食和不破坏生态环境。我国在“十一五”期间，发展生物质能锁定七大领域。

重点研发内容为：能源林培育、生物酒精、生物柴油、气热电联产、固体成型燃料、石油基产品的替代、生物质快速热解制备生物质油等七方面。在农业方面：重点发展农作物秸秆的综合利用，把秸秆、草类、树皮、果壳等转化成固体燃料、液体燃料和气体燃料。在《可再生能源中长期发展规划》中提出的目标，到 2010 年生物质能发电装机容量达 550 万 kW，非粮液体燃料 120 万吨，到 2020 年生物质能发电装机容量目标达 3 000 万 kW。

（2）我国《生物质能发展“十一五”规划》（2006 ～ 2010 年），制定到 2010 年目标：

① 生物质发电装机容量达 550 万千瓦；

② 沼气率利用量达 190 亿立方米；

③ 生物质固体成型燃料达 100 万吨；

④ 非粮液体燃料达 120 万吨；

⑤ 生物柴油率利用量达 20 万吨。

（3）国家能源局 2010 年 12 月 28 日印发我国《生物质能发展“十二五”规划》，制定到 2015 年目标：

① 生物质能年利用量超过 5 000 万吨标煤。

② 生物质发电装机容量达 1 300 万千瓦。年发电量约 780 亿千瓦时。其中：农村生物质发电装机容量 800 万千瓦，生活垃圾发电装机容量 300 万千瓦，沼气发电装机容量 30 万千瓦。

③ 生物质年供气量 220 亿立方米。其中：生物质集中供气 30 亿立方米，农村沼气 5 000 万户年产沼气 190 亿立方米。

④ 生物质固体成型燃料年利用量 1 000 万吨。

⑤ 生物质液体燃料年利用量 500 万吨。其中：燃料乙醇年产量 400 万吨，生物柴油年产量 100 万吨。

（4）国家能源局发布我国《生物质能发展“十三五”规则》（2016 ～ 2020 年），制定到 2020 年目标：生物质能基本实现商业化和规模化利用。

① 生物质能年利用量约 5 800 万吨标煤。

② 生物质发电总装机容量达 1 500 万千瓦，年发电量 900 亿千瓦时。其中：农村生物质直燃发电装机容量达 700 万千瓦，城镇生活垃圾发电装机容

量达750万千瓦，沼气发电容量达50万千瓦。

③ 生物质天然气年利用量80亿立方米。

④ 生物质固体成型燃料3 000万吨。

⑤ 生物质液体燃料，年利用量600万吨。

第六节 生物质的综合利用

一、农业废弃物秸秆的综合利用内容很广

1. 可以做动物的饲料。

2. 可以制农业用有机肥料。

3. 可以制建筑用，家俱用的板材。

4. 可以做各种燃料如：

（1）固体成型燃料，可以替代煤。

（2）液体燃料如燃料乙醇和生物柴油。

（3）气体燃料，可以供热和发电。

5. 可以进行秸秆直燃发电、秸秆气化发电、沼气发电等。

二、城市生活垃圾的处理和处置

1. 垃圾可以焚烧发电。

2. 垃圾也可以气化发电。

3. 填埋场填埋气可以用来发电。

三、餐厨垃圾的处理和处置

1. 餐厨垃圾可以制生物柴油。

2. 地沟油可以制生物柴油。

3. 餐厨垃圾可以产沼气。

四、畜禽粪便可以制作有机肥，可以产生沼气，也可以用来发电

五、市政污泥的处理处置

市政污泥可以干燥后做建筑材料、制砖，还可以做辅助燃料，和燃煤发电厂、生物质能发电厂及垃圾发电厂进行协同发电。

第三章　生物质的应用

第一节　生物质的应用范围

生物质的应用范围很广，如制作有机肥、土壤改良剂、动物饲料，做菌菇培养基基料，做建筑用板材，最主要的是能源化利用。

一、生物质制有机肥及动物饲料

1. 废弃烟草秸秆“变身”生物肥

湖北恩施一家生物有机肥厂，工人利用翻抛机把烟草秸秆粉末和其他原料翻动后发酵（图 3-1）。湖北省恩施土家族苗族自治州素有“烟草王

图 3-1　有机肥厂翻抛机作业

国”之称，每年采收烟叶后都产生大量废弃的烟草秸秆。为减少烟草秸秆随意处置带来的污染，当地企业将回收的秸秆打碎后与家禽粪便、草炭灰搅拌后发酵，经过灭菌烘干等工艺制成生物有机肥料，既清洁环保又能助农增收。

2. 利用秸秆粉碎机进行秸秆还田（图 3–2）

图 3–2　秸秆粉碎机田间作业

3. 生物技术让秸秆变牲畜营养饲料

香港生物动力集团有限公司通过生物技术“变废为宝”，以普通农作物秸秆以及酒精废液为原料生产出营养丰富的高蛋白新型牲畜饲料，这种新型高蛋白生物秸秆饲料在哈尔滨研制成功并已批量投入生产。

二、秸秆加工成可降解一次性环保餐具

小秸秆带来大效益

山东省滨州市邹平县位于鲁北地区，秸秆资源丰富。当地充分利用这一优势，进行秸秆深加工，生产一次性餐具、种植食用菌等，打造出一批有影响力的乡镇企业，并带动广大农户加入其中，形成了规模化生产，小秸秆带来了大效益，见图 3–3。

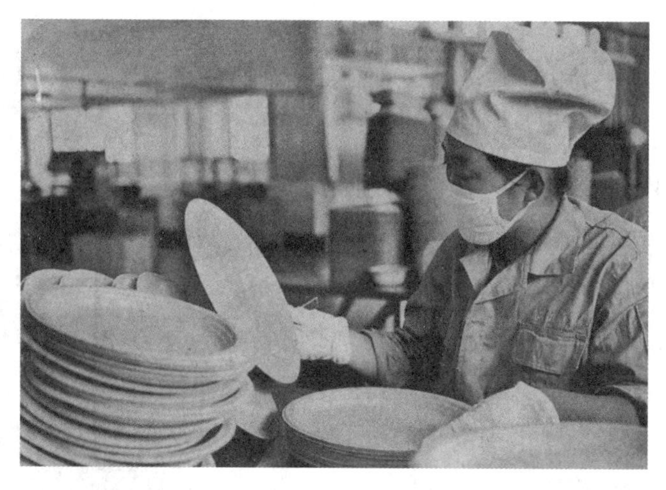

图 3-3　邹平县海利华纸业公司采用机械清洁制浆技术，将秸秆加工成可降解的一次性环保餐具。这是质检人员检验成品餐具质量。

三、生物质可做菌菇培养基基料（图 3-4）

图 3-4　邹平县芳绿科技公司利用秸秆栽培木耳、蘑菇。这是公司员工采摘鲜木耳。

四、生物质做电缆、电线的补强填充料

电缆在国民经济发展中占据重要地位。传统电缆材料的填充补强材料主要以碳酸钙、白炭黑和陶土等天然矿物质为主，过度开采矿产资源严重地破坏了自然环境，山体滑坡、泥石流等自然灾害日益严重。本项目以农用废弃

物替代天然矿物质，开发了废弃生物质PVC复合电缆材料及电线（图3–5）。其优点如下：

1. 以农业废弃物作为填充补强材料制备电缆绝缘材料和电线产品，增加了废弃农作物的利用途径，减轻了环境污染。

2. 电缆料生产成本低于矿物质填充电缆料。

3. 电缆料及电线的电绝缘性能优于矿物质填充电缆料及电线。

4. 生产电缆料及电线的生产技术成熟，已通过中试，达到了批量生产的程度。

图3–5　生物质制造的电缆电线

五、生物质做建筑用人造板材

修枝·轧枝“变废为宝”

杨浦园林工人在政化路上修剪行道树的枝桠，而修剪下的绿化枝桠当场就用专用粉碎机粉碎后变废为宝，将可制成做家具的人造板材及绿化用的营养土，见图3–6。

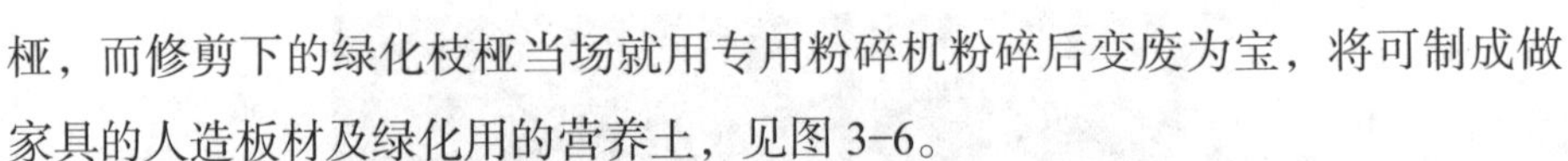

六、用稻草加工成草帘制品

秸秆利用好环保又增收（图3–7）

图3–6　绿化专用粉碎机

图3–7　江苏省连云港市赣榆县墩尚镇农民利用稻草加工草帘制品

第二节　生物质制固体成型燃料

该类可再生资源压缩设备是把木屑、秸秆、牧草、稻草及野生杂草经机械压缩成棒、块和颗粒，使单位体积的燃烧值提高十几倍，主要适用于火炉、锅炉、发电厂作为燃料使用，燃烧后灰渣是野草灰，可直接用于农田。压缩后的秸草块是马、牛、羊、鹿、鸵鸟等反刍动物良好的粗饲料，在高温压缩中进行杀虫灭菌、熟化使其结构和化学成分均化发生变化，适口性好、易消化，牲畜食后增重快，产奶高，被人们称为反刍动物的“压缩饼干”。

一、各种原材料（图 3-8）

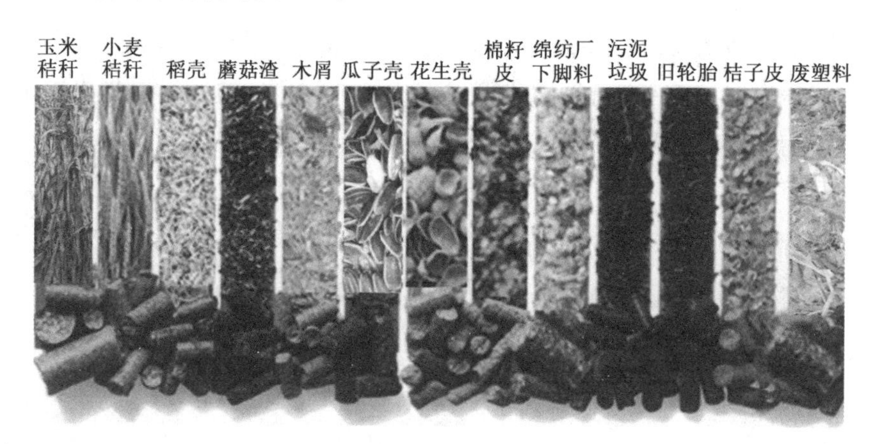

图 3-8　原材料

二、固体成型设备（图 3-9）

图 3-9 （一机多用）锥轮平模制粒、压块机

三、木屑秸秆制棒机（图 3-10、3-11）

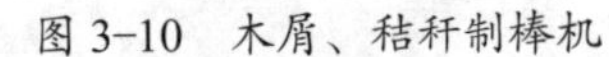
图 3-10　木屑、秸秆制棒机

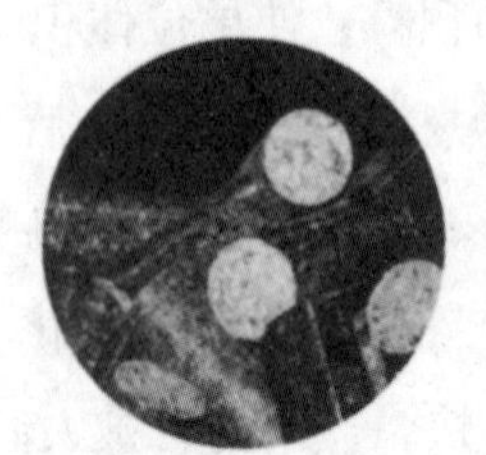
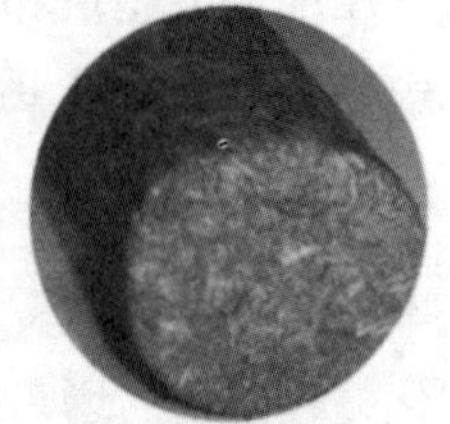

图 3-11　木屑棒和玉米秸秆棒

四、固体成型燃料的应用

1. 秸秆经粉碎后进行压缩成形，变成燃料棒，一吨燃料棒相当于半吨煤。成型燃料可替代煤，可以在锅炉中使用，也可用来做发电厂燃料进行发电。

2. 固体成型燃料的生产过程

把生物质原料，经过粉碎、烘干、搅拌、加压成形、筛分、冷却等工序，制成各种要求形状的燃料棒。

3. 固体成型燃料的优点

（1）含硫量低，只有 0.05%，符合清洁燃料标准，大大降低二氧化硫排放，保护环境。

（2）含氮量低，燃烧时基本上没有氮氧化物生成。

（3）燃烧后的灰是很好的钾肥。

（4）方便运输，途中没有灰尘等污染。

（5）使用方便，可做家用燃料，可供热取暖，可发电。

第三节　生物质制液体燃料

一、意大利首座纤维素乙醇工厂投产

第一代燃料乙醇是以玉米、甘蔗等粮食作物为原料的，长期下去要影响粮食供应，故世界各国都纷纷寻找以非粮为原料生产燃料乙醇，如用稻麦、玉米、大豆等农作物秸秆。

意大利首座纤维素乙醇工厂，是由意大利M&G集团联合美国太平洋投资集团以及丹麦生物酶生产企业共同投资建设，由意大利贝塔可再生能源公司负责工厂运营。工厂建成的意义在于，为当地的农业废弃物找到了新的出路，为当地提供了百余个就业岗位。该厂以农作物秸秆等农业废弃物以及芦竹等边际土地作物为生产原料，从原料中提取纤维素后加入生物酶进行水解发酵，然后再加工生产纤维素燃料乙醇，称第二代生物燃料乙醇。在加工中，还可以利用原料中剩余的木质素用来发电，装机容量13兆瓦，多余电力售给电网，如图3–12。

图3–12　纤维素燃料乙醇工厂外景

纤维素是植物的主要组成部分，是世界上最丰富的可再生资源之一，而且产出率高，可达20%。以中国为例，全国每年约有7亿吨秸秆产生，如全部转化为燃料乙醇，则可产出1.4亿吨燃料乙醇，如果在汽油中添加10%乙醇，就可产生燃料乙醇汽油14亿吨。

二、钢厂尾气能制燃料乙醇

宝钢利用高炉煤气，转炉煤气等尾气，采用国际上最先进的微生物气体发酵技术（即生物法）制成燃料乙醇，其附加值比尾气发电高3倍以上。宝钢采用“生物法”制燃料乙醇，其成本比传统“粮食法”节省30%～40%。2012年3月宝钢朗泽新能源有限公司完成一座300吨钢厂尾气制乙醇示范项目投入运行，项目设计能力年产300吨。

三、秸秆变燃油

武汉阳光凯迪生物质燃油燃气厂在武汉未来科技城正式投产，见图 3–13。通过对秸秆、树枝、谷壳等农业废弃物加工转化，每年可生产 1 万吨航油、汽油及柴油，这是全球首条投产的万吨级非粮生物质燃油生产线，生产出三种生物质燃油：生物质轻质油、生物质蜡油、生物质柴油。

图 3–13　在武汉建成的全球首条万吨级生物质燃油生产线

通过进一步提高分离，这些生物质燃油就能变成汽油、柴油、航空煤油。与传统的化石燃料相比，该生物质燃料可循环再生，而且没有重金属、硫、磷、砷等杂质，燃烧后只产生水和二氧化碳，不会造成尾气污染。

四、各种生产生物柴油的办法

1. 墨西哥利用松子提炼生物柴油

据报道，墨西哥农业、畜牧业、农村发展、渔业及食品部（以下简称“农业部”）日前宣布，该国生物燃料研发工作取得新进展，科研人员成功利用松子提炼出生物柴油。研究人员表示：松子出油率高、品质好、不占用农业资源，也不影响粮食生产，是制取生物柴油及混合柴油的理想原料。这一成果将有效减少二氧化碳等温室气体排放。

2. 大肠杆菌可将植物变成生物柴油

美国科研人员发现，大肠杆菌是哺乳动物肠道内的常见菌株，它能将植物中的糖转化为脂肪酸衍生生物，并且能以一种非凡的速度将糖转化为燃料。

这种生物柴油比其他生物燃料更接近沙特阿拉伯的桶装石油。

3. 餐厨垃圾制生物柴油

据不完全统计，我国每年产生的餐厨垃圾约有 3 000 万吨，废弃油脂约有 1 000 万吨。以“地沟油”为原料加工生产生物柴油，提供了一种安全、高效、可再生的新能源。

餐厨废弃物是一种可再生资源，其资源化利用的主要产品是生物柴油。江苏省有一家专业从事利用地沟油等动植物废弃油脂研发、生产、销售及服务于一体的国家高新技术企业，拥有年产 10 万吨生物柴油和生物增塑剂的全自动控制生产线。

4. 英国人回收利用咖啡渣生产柴油

英国的生物豆公司利用泡过的咖啡粉制成咖啡棒，可用在家庭壁炉里做燃料，还生产出一种生物柴油混合燃料“B20”。他们首先从废弃的咖啡渣内提取油，把咖啡油和其他油脂再与矿物柴油混合，形成生物组份 20% 的燃料油（生物柴油），可以直接在汽车中使用，其二氧化碳排放量减少 10%～20%。目前在剑桥群的工厂中，年处理能力达 5 万吨。

第四章　生物质直燃发电

第一节　概述

我国是个农林大国，每年约有 9 亿吨农作物秸秆、0.8 亿吨林业剩余物、30 多亿吨畜禽粪便、1.5 亿吨城市生活垃圾、10 亿吨农产品加工废渣废水产生。广大农村还有部分秸秆在田间焚烧，既浪费生物质资源，又影响环境。如何彻底解决这个问题？只有因地制宜大力发展生物质的综合利用才能解决这个问题。

一、生物质的应用范围极广

我国生物质资源十分丰富，而且分布很广，全国各地可以因地制宜发展生物质资源化利用工程。例如：

1. 在产棉区（新疆等地）可以发展棉花秸秆发电厂。

2. 广东、广西、云南、贵州等省盛产甘蔗，有许多制糖厂，建设自备热电厂就利用甘蔗渣发电。

3. 东北、华北、华东、中原等地区是产粮区，就可以大力发展秸秆直燃发电用来供热、发电。特别适应农村电气化的发展，可以发展小型的以生物质为燃料的分布式供能系统。这个供能系统不但可以充分利用农作物秸秆，又可以增加农民收入，解决部分就业，还可以提高农民的冬季取暖、夏季制冷的需求，提高农民的生活质量。

4. 在东北等森林工业区，可以利用林业废弃物建设木屑发电厂，使森林废弃物给予充分利用，提高林区人民的生活质量。

5. 在大中型城市，人口集中，生活垃圾有足够数量，可以建造垃圾焚烧发电厂。有垃圾填埋场的可以办填埋气发电厂。近十多年来全国各大中城市都重视垃圾焚烧发电厂的建设，为垃圾“变废为宝”做出很大贡献，也为城市电力增加活力。

6. 在畜牧场可以发展畜禽粪沼气发电厂，为提高自身用电、供热创造了基础，为企业降低了生产成本。

7. 在农村可以利用餐厨垃圾、畜禽粪联合产沼气供家庭使用。

二、生物质能源化利用的几种方向

1. 生物质能的特点

（1）生物质能资源丰富、分布面广，到处可以就地取材，就地消化。

（2）生物质能是一种可再生性很强的能源，供应稳定，可控性好。

（3）生物质能应用很方便，农村可做家庭燃料，可以用来生产饲料和肥料，可以造纸和制胶合板。其他可以制成固体成型燃料，可以替代煤，供取暖、供热、发电使用。生物质可以转化成液体燃料、如乙醇燃料、生物柴油等。生物质还可以转化成气体燃料，如沼气、生物气等供人们使用。

（4）生物质内含硫量很少，故又称“绿色能源”“清洁能源”。

2. 生物质能源化利用的政策

我国把发展生物质能源作为节能减排的有效措施之一，尤其是把生物质发电作为生物质开发利用的主要内容。

2005 年 2 月第十届全国人大常委会通过了《可再生能源法》，从 2006 年 1 月 1 日起实施。2007 年 9 月国家公布了《可再生能源中长期发展规划》，要加强可再生能源的发展、积极建设示范项目，发展生物燃料的总方针是：“坚持以人为本、坚持环境保护、坚持和谐利用、坚持可持续发展，同时做到不占耕地、不消耗粮食和不破坏生态环境。”

在生物质发展内容方面锁定七大领域为：（1）能源林培育；（2）生物酒精；（3）生物柴油；（4）气、热、电联产；（5）固体成型燃料；（6）石油基产品替代；（7）生物质快速热解制备生物质燃料。在农业方面重点发展农作物秸秆的综合利用，把秸秆、草类、树皮、果壳等转化成固体燃料、液体燃料和气体燃料。

3. 生物质能源化利用的几种方式

生物质能发电是可再生能源中稳定性较好、可靠性较高的一种，技术成熟、投资少，故在国内得到迅速发展。

生物质能发电按不同的生物质原料，采用不同的专用设备进行发电。如：

（1）利用秸秆成型燃料发电

先把秸秆粉碎后造粒制成秸秆成型燃料，可以替代煤炭。河南省长葛县有一家小火电厂，采用上海锅炉厂专门设计制造的燃烧秸秆成型燃料发电锅炉，容量为 75 T/h，每小时耗秸秆 16 吨，发电容量为 12 000 千瓦，每年发电 8 640 万千瓦时，一年节煤 5.8 万吨，具有极大的社会效益和环保效益。同时给当地农民带来可观的经济收入。

（2）利用秸秆粉和煤粉混合燃烧发电

山东某发电厂，将秸秆磨成粉和煤粉混合，喷入煤粉锅炉中燃烧发电试验成功，每年可节约 7 万多吨煤。由于秸秆含硫量少，因而一年少排二氧化硫 1 500 吨，同时给当地农民增加 3 000 多万元收入。

（3）利用秸秆直接燃烧发电

中国节能投资公司在江苏宿迁投资兴建宿迁秸秆直燃发电示范工程，于 2006 年 12 月 20 日投产发电，装机容量 24 000 千瓦，年发电 1.3 亿度。年耗秸秆 16 ～ 20 万吨，节煤 10 万吨、年减排二氧化碳 12 万吨，采用专门为生物质直燃的循环流化床锅炉。发电厂投产后，为当地农民增收 5 000 万元。以后几年，全国生物质直燃电厂发展很快，到 2008 年，全国已有 40 多家生物质直燃发电厂投入商业运行。到 2017 年底，全国生物质能发电装机容量达 1 214 万千瓦，其中生物质直燃发电厂装机容量 605 万千瓦，垃圾发电厂装机容量 574 万千瓦，沼气发电装机容量约 35 万千瓦。

（4）城市垃圾焚烧发电

随着城市化进程不断发展，城市人口不断增加，平均每人每天产生一公斤垃圾，每个城市都设置垃圾填埋场，占用了大量土地。时间长了，会产生有害气体，影响环境，而且形成“垃圾围城”的困境，采取一种对策，就是建设垃圾焚烧发电厂，在填埋场内建设填埋气发电站。

实际上城市生活垃圾是一种“取之不尽”的生物质资源，是可再生能源，国家对城市垃圾的处理原则是走“减量化、无害化、资源化”的道路。目前只有走垃圾焚烧发电能做到“三化”目标。因此从2009年起，全国建设许多垃圾焚烧发电示范电厂，深圳领先起步，接着北京、上海等大中城市建设起不同类型的垃圾焚烧发电厂。到2016年底全国建成垃圾发电厂300多家。

（5）广大农村利用畜禽粪及餐厨垃圾及农业废弃物进入沼气池可以产生沼气，解决农村的家用燃料问题，也可以集中办沼气发电厂，可以向人们提供热源及电力。

（6）随着城市的建设，相应需要建设污水处理厂，污水处理厂的产物是污泥。许多城市曾出现“污泥围城”现象，污泥里面有许多有机质，是一种能源资源，污泥干化后可以送入燃煤发电厂、生物质直燃发电厂和垃圾焚烧发电厂作辅助燃料进行协同发电。

第二节　秸秆直燃发电

中国是农业大国，生物质能资源非常丰富，其中仅农作物秸秆资源年产量超过7亿吨，中节能投资公司以自主农作物秸秆直燃发电技术，在国内率先启动了多项农作物生物质能利用示范工程。中节能生物质能投资有限公司致力于生物质能利用项目的开发、投资、建设施工和运行管理，以秸秆直燃发电为核心，促进中国生物质能产业大发展。

一、生物质能直燃发电的优点

1. 可以改善我国的能源结构，提高可再生能源的比重。目前国内火力发电烧化石能源占全国总发电的70%左右，因此必须调整发电的能源结构，必须大力发展可再生能源。2018年1月国家提出：“要改变烧煤供热的现状，要做到清洁供热。”最现实的办法是用生物质发电并向热电联产发展。

2. 生物质能含硫量很少，减少二氧化硫排放，改善环境。

3. 可以就地取材、就地发电、就地消化。

4. 可以改变农村面貌，增加农民收入，增加就业人口，实现精准扶贫。

二、国内首座国产化生物质能直燃发电厂

中国节能投资集团在江苏宿迁建设第一座国产化生物质能直燃发电厂（图 4–1），装机容量 24 000 千瓦，年消耗秸秆 20 万吨，农民增收 5 000 多万元，该发电厂于 2006 年 12 月 20 日点火运行。

图 4–1　国内首个国产化生物质直燃发电项目——江苏宿迁生物质能电厂

第三节　甘蔗渣及棉秸秆发电

一、广西崇左力推甘蔗生产全程机械化

为破解甘蔗生产劳动强度大、人工成本高等突出难题，广西崇左市大力推行甘蔗生产全程机械化，提高甘蔗生产效率和经济效益。

崇左享有“中国糖都”美誉，去年甘蔗种植面积 420 多万亩，入厂糖料蔗 1 850 多万吨，蔗糖产量已连续 10 个榨季居全国首位。该市以江州区驮卢镇连塘村安定屯、龙州县水口镇埂宜村、扶绥县渠黎镇渠凤村为中心示范点建立示范区，示范区甘蔗面积 12 050 亩。截至目前，示范区已投入甘蔗种植机 53 台（套）、甘蔗联合收割机 11 台（套），分别完成甘蔗机种面积 8 326 亩、甘蔗机收面积 2 495 亩。

二、云南德宏龙江糖厂建设的甘蔗渣发电厂（图 4–2）

图 4–2　云南德宏龙江糖厂

三、广东南海糖厂建设的自备发电厂汽轮机车间（图 4–3）

图 4–3　广东南海糖厂 2×25 MW 机组

四、巴西努力研究再生能源的利用

巴西的主要农作物是甘蔗，其产量占世界甘蔗产量的三分之一。用甘蔗生产食糖和酒精，同时利用甘蔗渣废料作为发电燃料，平均一吨甘蔗渣可发电 200 度。仅圣保罗一地就有 140 家工厂用甘蔗渣发电，总计发电容量超过 30 万千瓦。这些工厂实现了用电自给，多余电力出售给国家电力公司。巴西也是最早推行乙醇汽油的国家，鼓励生产酒精汽车。

五、西北地区建设棉花秆发电厂

地　　区：西北

项目名称：玛纳斯棉杆生物发电项目

发布时间：2006年9月15日

项目性质：新建

企业性质：国有

行　　业：电力

投资总额：30 000万元

进展阶段：报批立项

审批机关：国家发改委

设备来源：国外引进

资金到位：正在落实

建设周期：2007—2008年

主要设备：高温高压锅炉、发电机组、自动化控制系统，水处理设备

主要产品：总装机容量2.5万kW

第四节　稻壳发电

稻壳是碾米厂的副产品，长期以来在中小城镇中，在供应热水的单位作为燃料使用，以前也用稻壳作冬季取暖用的脚炉用燃料，而且不会冒烟。在许多碾米厂内，采用稻壳发电，即把稻壳放入气化炉，使产生可燃气体，再进入燃气炉内燃烧带动发电机发出电来。这种发电方式过去在江苏苏州、无锡很普遍。

图4-4　菲律宾2.4 MW稻壳发电项目

国外也有许多稻壳发电厂，采用的设备有中国制造的。如菲律宾的2.4 MW 稻壳发电项目，如图 4–4。

该项目以稻壳为燃料，产出的电供应碾米厂和本地冰库。该项目由两套锋渝 LHC1200 气化炉组成。

第五节　废木材发电

一、英国建造用木屑发电的环保发电厂

2008 年，英国建造了一座世界上最大的生物质发电厂，发电能力为 35 万千瓦，每年可减排二氧化碳 350 万吨。该电厂所用木屑来自美国、俄罗斯和乌克兰的可持续林场，用船运到电厂。除了烧木屑、柳树碎片和锯屑以外，该电厂还可利用农业废弃物秸秆和畜禽粪填草等来发电。

二、2005 年，英国将建一座“草电厂”

这是英国第一座以草作为燃料的大型发电厂，造价约 1 200 万美元。它将以象草为燃料发电，为当地 2 000 户居民供电，与传统的化石燃料电厂相比，每小时减排一吨二氧化碳。

象草是热带、亚热带地区多年生草本植物，植株高达 3 ～ 5 米，电厂号召当地农民种植象草，为电厂提供足够燃料。

三、保加利亚 1.2 MW 木屑发电厂

该项目以木屑为燃料，2012 年初开始运行，发电装机容量为 1 200 千瓦（图 4–5）。

图 4–5　保加利亚 1.2 MW 木屑发电厂

第五章　生物质气化发电

第一节　概述

随着全球化石能源的枯竭、环境的变坏，人们积极寻找清洁的、可再生能源，除了大家熟知的太阳能、风能以外，还有性能优良的生物质能。生物质能量大面广，是继煤炭、石油、天然气后的第四大能源，它最大的优点是可再生，而且可以转化为气态（生物燃气和沼气）、液态（乙醇汽油和生物柴油）和固态（秸秆、垃圾、污泥）状态的清洁能源。

生物质燃气产业发展迅速

1. 据生物质能源产业技术创新战略联盟介绍，从生物质燃气总产量分析，欧盟、中国、美国名列前茅。

（1）2011 年欧盟沼气产量为 201.7 亿立方米（其中德国沼气产量为 101.4 亿立方米）。

（2）2011 年中国沼气产量约为 200 亿立方米，比 2010 年增长 25% 以上。

（3）2011 年美国沼气产量为 126 亿立方米，比 2010 年增长 12.6%。

2. 欧洲的生物质燃气产业取得了快速发展，特别在财税政策、技术装备、工程规模、能源替代、环境效益、产业模式等方面都已规范化，代表了世界的先进发展水平。

（1）德国 98% 的生物质燃气工程用于热电联产。2011 年德国生物质燃气发电总装机容量为 2 559 兆瓦，发电 1 940 亿千瓦时。

（2）瑞典率先开始生物质燃气净化提纯，制成车用生物质燃气和管道生物天然气，开发了世界上第一辆沼气火车。目前瑞典的交通工具中，沼气占58%，有779辆沼气公共汽车，4 500辆汽油、沼气与天然气混合燃料小汽车。

3. 目前世界上生物质燃气应用方式主要为热电联产和净化提纯后制备管道气和车用天然气等，采取的商业模式有三种：

（1）热电联产模式（CHP）

把能源植物、农业有机废弃物、养殖场畜禽粪便等，经过预处理后，进行厌氧发酵，产生沼气用于热电联产，沼渣沼液施肥，全程实现自动化控制。此种模式德国最多。

（2）车用生物质燃气模式

利用有机废弃物生产沼气，经过净化提纯压缩后，供交通燃料。如瑞典有一家生物天然气厂生产的生物天然气，通过管道分别输送到附近的生物质燃气发电站和汽车加气站。

（3）管道生物质天然气模式

多种混合生物质原料产生的沼气，经过净化提纯后，并入天然气管网增加气源。

第二节　生物质气化原理

一、生物质气化原理

生物质气化是在完全或部分缺氧条件下，借助于部分空气（或氧气）、水蒸气的作用，使生物质挥发分中的高聚物发生热解、氧化、还原、重整反应，热裂化或催化裂化为小分子化合物，获得含一氧化碳、氢气和甲烷等可燃气体的过程。整个过程中，挥发分大部分裂解成为小分子的氢气、一氧化碳、甲烷等可燃气，一小部分挥发分形成焦油，未挥发出的剩余部分就是生物碳（灰）。生物质原料在气化炉内的反应共分为四个阶段：

1. 干燥阶段：生物质进入气化炉，加热到200 ℃～300 ℃，原料中的水分首先蒸发，产物为干原料和水蒸气。

2. 热解阶段：热解定义为缺氧状态下的热降解过程。干原料在加热过程中，当温度达到400 ℃时，挥发分将会从生物质中大量的析出，热解速率迅速下降，在 500 ～ 600 ℃时基本完成，只剩下木炭。热解反应析出的挥发分主要包括一氧化碳、二氧化碳、氢气、甲烷、焦油、水和其他碳氢化合物。

3. 氧化层反应：$C+O_2 \rightarrow CO_2 \uparrow$

$2C+O_2 \rightarrow 2CO \uparrow$

$2CO+O_2 \rightarrow 2CO_2 \uparrow$

$2H_2+O_2 \rightarrow 2H_2O$

4. 还原层反应：$C+H_2O \rightarrow CO+H_2 \uparrow$

$C+CO_2 \rightarrow 2CO \uparrow$

$C+2H_2 \rightarrow CH_4 \uparrow$

上述反应中，只有氧化反应是放热反应，释放的热量为生物质干燥，热解和还原反应提供热量。生物质气化的主要反应发生在氧化层和还原层，所以称氧化层和还原层为气化区。

二、气化炉用生物质原料

表 5-1　原料类型

序号	原料名称	每千瓦时原料消耗量（kg/kWh）	每千克原料产气量（Nm^3/kg）
1	谷壳	1.6 ～ 1.8	1.6 ～ 2.2
2	秸秆	1.5 ～ 1.8	1.6 ～ 2.4
3	稻草	1.6 ～ 1.7	1.6 ～ 2.3
4	木屑	1.3 ～ 1.4	1.9 ～ 2.4
5	木片	1.3 ～ 1.5	1.9 ～ 2.3
6	椰子纤维粉尘	1.6 ～ 2.0	1.5 ～ 2.0
7	棕榈花束	1.7 ～ 1.9	1.5 ～ 2.1
8	粉煤	0.9 ～ 1.1	2.6 ～ 3.1
9	块煤	0.8 ～ 1	2.9 ～ 3.3

说明：

1. 由于生物质材料的多样性以及干燥后含水量的不同，原材料的消耗量在一定范围内有所浮动。

2. 以上数据来源于流化床气化炉，而对于固定床气化炉而言，原材料的消耗会更高。

3. 以上数据是在我们指定发动机的基础上获得的，如果客户采用其他品牌的发电机，数据会有浮动。

三、燃料的预处理

为高效能进行生物质热解气化，满足炉内流态化燃烧的需要，对于一些大块废弃生物质燃料，如农作物秸秆、果树修枝等，须对其进行破碎及干燥处理，其中破碎、粉碎、干燥、运输等设备可按实际需要配套供应。

削片机可将原木、枝桠材、板皮、废单板、竹材、棉秆及其他非木质纤维秆茎切削成一定规格的片料，该机结构先进，切削片料质量高，原料适应性广，操作维修方便，机器由机座、刀辊、上下喂料辊、传送带、液压系统等部分组成，见图 5-1。

图 5-1　鼓式削片机

第三节　生物质气化炉设备

一、固定床气化炉

固定床气化炉的气化反应，一般发生在相对静止的床层中，可分为上引式和下引式。固定床对不同尺寸的原料及含水量要求比流化床低。该炉亦可用煤块作燃料，产气范围为 500 ～ 8 000 立方米 / 小时，热值≥ 5 MJ。

上引式固定床气化炉的主要特征是气体流动方向与物料运动方向是逆向的，可燃气在通过原料干燥层和热阶层时，热量被充分吸收，出口温度在 300 ℃左右，所以上引式固定床的热效率高于其他种类的固定床气化炉。

下引式固定床气化炉的特征是气体和生物质的运动方向相同。下引式气化炉的热解产物会通过炙热的氧化层，因此燃气中的焦油可以得到高温分解。

固定床气化炉产品：GDC-1000

（1）配套发电机组功率：1 000 千瓦

（2）每小时产气量：3 650 立方米 / 小时

（3）气化炉出口燃气温度：300 ～ 350 ℃

（4）洁净燃气温度：＜ 45 ℃

（5）每小时生物质燃料消耗量：1.5 ～ 1.8 吨 / 小时

（6）气化炉重量：31 吨

（7）除灰方式：干式（螺旋输送机集中排出）

二、流化床气化炉

1. 流化床气化炉

生物质原料通过螺旋给料机进入流化床气化炉与气化剂进行气化反应，流化床对原料的颗粒度及含水量有严格要求，以便气固两相充分接触反应，流化床气化炉的特点是反应速度快、气化效率高、燃气成分稳定、炉内燃烧工况稳定、产气量大、产生的焦油也可在床内分解。流化床炉内没有严格的温度分区，反应温度为 700 ～ 850 ℃。

该炉可使用粉煤为燃料，产气范围 800 ～ 10 000 立方米 / 小时，热值≥5 MJ。

2. 流化床气化炉产品：LHC-1000

（1）配套发电机组功率：1 000 千瓦

（2）每小时产气量：3 650 立方米 / 小时

（3）气化炉出口燃气温度：700 ～ 800 ℃

（4）洁净燃气温度：＜ 45 ℃

（5）每小时生物质燃料消耗量：1.5 ～ 1.8 吨 / 小时

（6）循环水流量：30 ～ 37 立方米 / 小时

（7）气化炉重量：38.7 吨

（8）除灰方式：干式（螺旋输送机集中排出）

3. 生物质燃气的成分和热值

生物质燃气的成分和热值，因采用不同的生物质燃料特性及燃烧方式而不同，其热值一般为：1 100 ～ 1 500 kcal/Nm^3（4.6 ～ 6.3 MJ/Nm^3）。净化后的生物质燃气，其粉尘及焦油含量很少，均可满足内燃发电机组的运行要求。

4. 稻壳气化气体成分：一氧化碳：17.2%；氢气：4.05%；亚甲基：6.82%；二氧化碳：15.1%；氮气：54.7%。其热值为：1 393 kcal/Nm^3（5.83 MJ/Nm^3）。

5. 流化床气化炉工作流程示意图（图 5–2）。

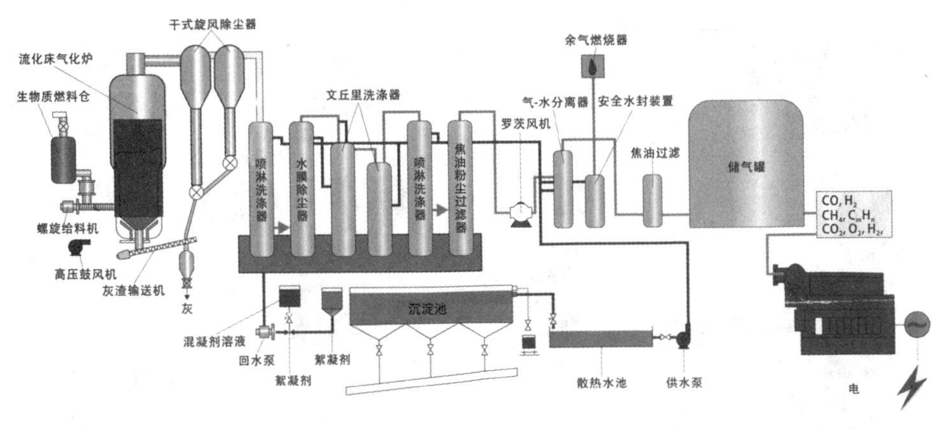

图 5–2　流化床气化炉工作流程示意图

第四节　生物质热裂解气化技术

一、生物质热解气化多联产技术

生物质（秸秆、稻壳、果壳等）在高温厌氧下热解气化为可燃气（一氧化碳、氢气、二氧化碳）和生物炭，不需要外加能源和其他任何添加剂、化学药品、助剂及催化剂的条件下，实现了生物质气化发电（或供热）的同时联产炭（炭基肥、活性炭、工业用炭、民用烧烤炭）、液体肥、热（冷）等多种高附加值产品（图 5–3）。

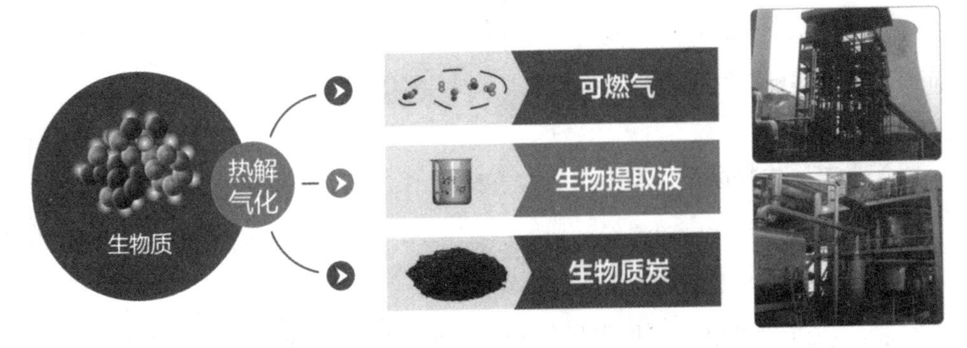

图 5–3　生物质热解气化示意图

生物质热解气化技术克服了直接燃烧发电、单一产出模式的弊端，是实现规模化的生物质废弃物综合利用的核心技术。

二、生物质热解气化多联产技术示意图（图 5-4）

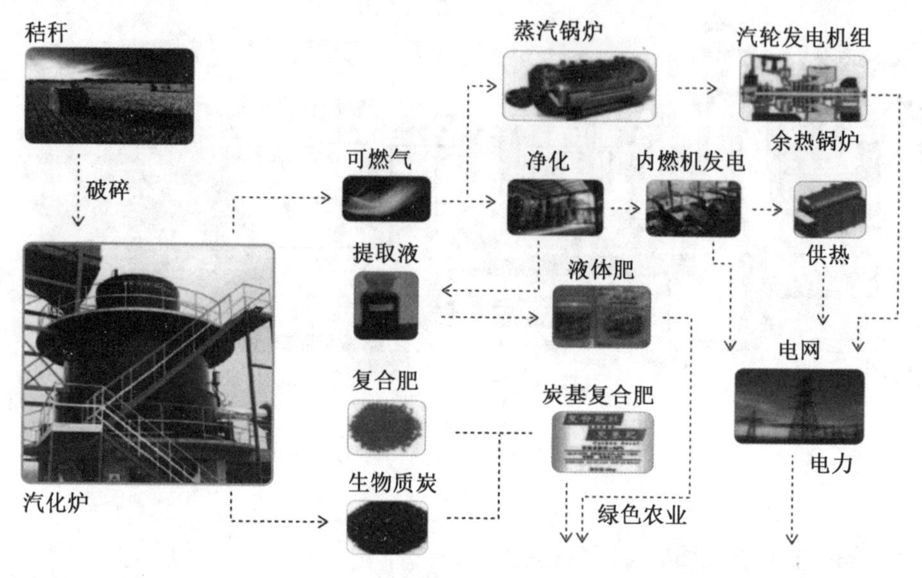

图 5-4　生物质热解气化多联技术示意图

第五节　干式生物质气化技术

干式生物质气化技术，是从食物残渣、草木垃圾等有机废弃物中提取出发酵能量，实施资源回收用来发电，还可以利用发酵残渣堆肥（图 5-5）。

第六节　湿式生物质气化技术

湿式生物质气化技术，能安全可靠的处理畜禽粪便及日常产生的生活垃圾，而且还可以实现生物质能源化的利用。温式生物质气化系统如图 5-6 所示。

第七节　生物质气化发电

一、生物质气化发电系统

1. 技术原理

生物质气化发电是一种集环保和节能于一体的能源综合利用新技术，可

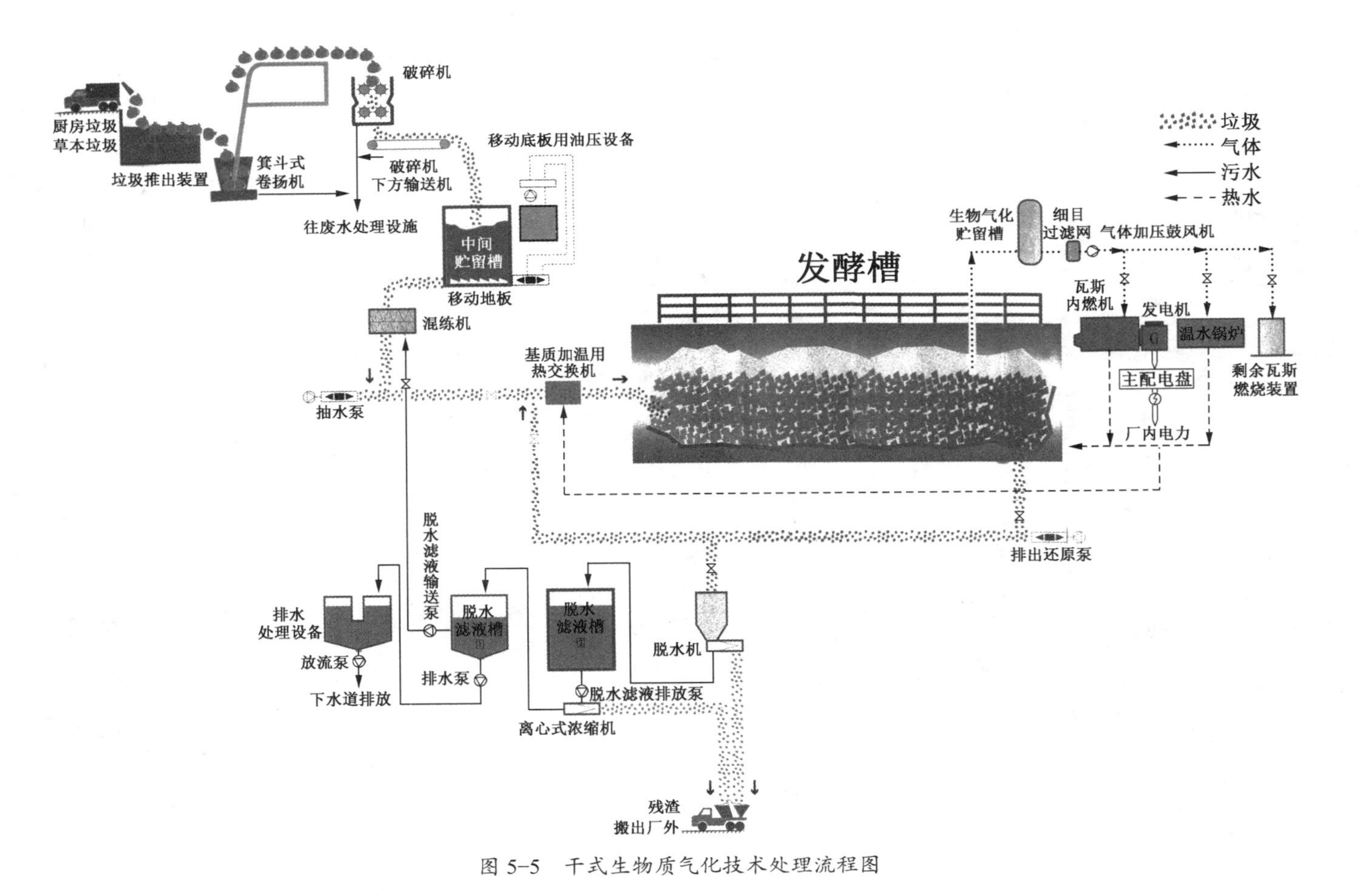

图 5-5　干式生物质气化技术处理流程图

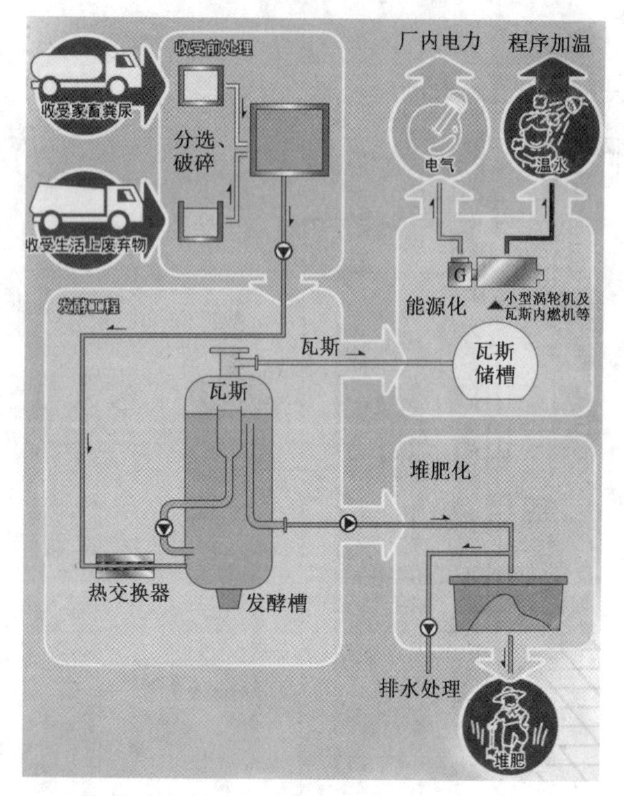

图 5-6　湿式生物气化系统

以取代化石燃料，造福子孙后代。

生物质发电是将生物质所具有的生物质能通过厌氧发酵技术转化为沼气进行发电，由此而发的电能不但满足工厂运作所需，还可供给公共电网。伴随产生的余热可用于沼气生产（图 5-7）。

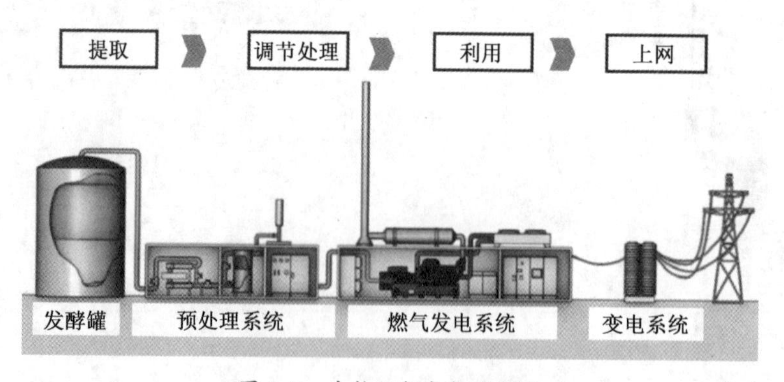

图 5-7　生物沼气发电原理图

由于化石资源日渐稀少，同时人们的需求日渐高涨，生物质沼气作为高能量及可再生燃料无疑将是引领未来发电行业的重要能源之一。

应用生物质发电的方式众多，按消耗的生物质种类分为垃圾填埋气发电、沼气发电、污水处理沼气发电等。

2. 沼气发电

沼气发电及余热回收的综合能源利用方式帮助客户实现了牧场粪便和污水无公害、无污染与零排放的目标，形成牧场种植、奶牛养殖、牛奶加工生产的良性循环经济体示范，符合国家环保和可再生能源政策的规定。

3. 垃圾填埋气

案例一：垃圾填埋场（年处理生活垃圾 2.16 万吨）

项目总投资 1.5 亿元，占地总面积 53 500 平方米。

安装 1 560 kW 燃气机组两台，年发电约 2 500 万度。

案例二：污水处理场

该项目总装机容量 1.8 MW，年发电 1 400 万度，相当于每年节约 7 万吨标准煤。

项目运营 28 个月后收回投资，实现赢利，社会效益与企业效益显著。

二、美国的高效鼓泡床能源系统

该系统是一个多级气化系统，可将生物质转化为过热蒸汽，蒸汽流量为 218 T/h，汽温 540 ℃，装机容量达 53 500 千瓦。

三、中国科学院广州能源研究所 MW 级生物质气化发电系统（图 5-8）

图 5-8　中国科学院广州能源研究所 MW 级生物质气化发电系统

生物质气化发电技术是把生物质秸秆、谷壳、木屑、树皮等多种原材料转化为可燃气，再利用可燃气推动燃气发电设备进行发电，工艺包括生物质气化、气体净化、燃气发电三个过程。该系统为了提高发电效率，采用燃气–蒸气联合循环系统，即在燃气发电后增加余热锅炉和蒸汽轮机，正常运行后，发电功率：4 000 kW—6 000 kW、发电效率：25%—28%、原料消耗：1.0—1.2 kg/kW · h。

第八节　移动式生物质气化发电站

一、产品的研发情况

1995 年美国西屋电气公司几位核电工程师发明了移动式生物质气化发电站，并申请了专利。在美国科罗拉多州设有生产基地，集科研、设计、生产于一体。

产品名称：BioMax

产品功能：把生物质废弃物转化成可燃合成气，再由燃气发电机组发出电来。

产品的优势：系统无需用地，哪里有燃料，就将该装置运到哪里使用。

二、BioMax 装置的系统组成

BioMax 装置由四个模块组成：

1. MPM——物料处理模块
2. GPM——气化模块
3. GCM——过滤模块
4. PGM——发电模块

根据不同要求，BioMax 装置可由 2 ～ 4 个 20 英尺集装箱组成。可在现场即插即用式快速安装。另外需加设通讯设备、消防设备等设施，就可以投入运营。

三、BioMax 使用的物料（图 5–9）

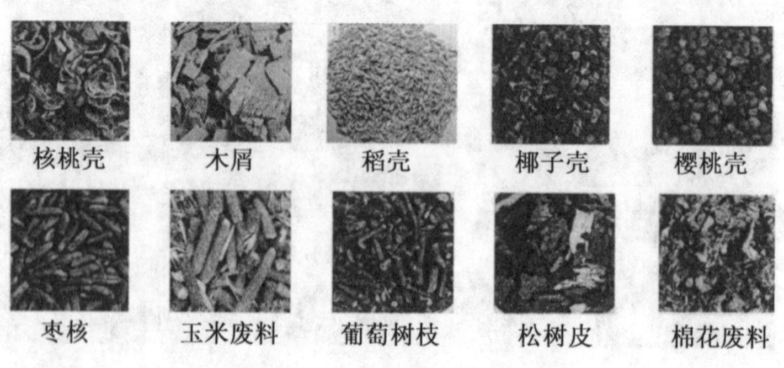

图 5–9　BioMax 使用的物料

有农作物秸秆、稻壳、树枝、木屑、果壳等生物质废料。

四、BioMax 工业流程（图 5-10）

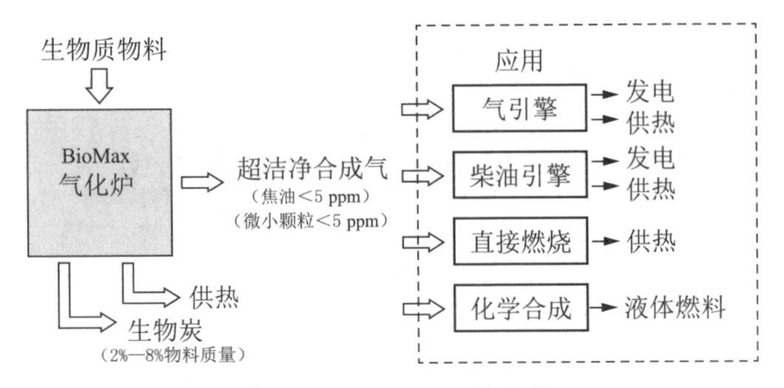

图 5-10　BioMax 工业流程

五、BioMax 经济技术指标

1. 生物质垃圾处理能力每天 3 吨。

2. 产生合成气每小时 300 立方米，产生合成气的组分为：氢气—17%，一氧化碳—20%，二氧化碳—8%，甲烷—2%，氮气—53%。

3. 产生的生物炭，每天 60 ～ 240 公斤，可作土壤改良剂。

4. 产生的合成气全部用于发电，其输出功率达 130 千瓦。

5. 便携式模块，现场安装方便。

6. 全自动化，可远程遥控。

六、BioMax 设备照片（图 5-11）

图 5-11　BioMax 设备照片

第六章　垃圾可以“变废为宝”

第一节　垃圾围城的现状

一、概况

随着城市人口的增多，垃圾也相应增加，特别是在大中城市，城市垃圾已成为城市环境污染的公害。

自十九世纪以来，工业的发展导致人口向城市集中，人口增加必然使城市的生活垃圾量也会随之增加，工业的扩大、资源的消耗也使城市固体废弃物相应增加。

城市垃圾包括：工业垃圾、建筑垃圾、公共场所垃圾、道路清扫垃圾和生活垃圾，而生活垃圾又包括城市居民生活垃圾，各种饭店、饮食店、居民家的餐橱垃圾，菜场等的垃圾。

广大农村每年产生大量的农业废弃物，如秸秆、稻壳、树枝、杂草等，污水处理厂的污泥，各种造纸厂的造纸污泥、印染厂的印染污泥、化工厂的化工污泥，食品厂的食品废料等，还有饲养场的各种牛、羊、猪、鸡、鸭、鹅等的畜禽粪便。

当城市没有及时有效的办法，来消纳这种种的垃圾，这时垃圾成堆到处乱放，真的成了“垃圾围城”的局面（图6-1）。

由于城市垃圾的种类繁杂，有工业垃圾、有医疗垃圾、有危废垃圾、有工业有机垃圾、有菜场垃圾、有居民生活垃圾等等要处理，首先要把垃圾分类。国家

图 6-1　各种垃圾

对医疗垃圾及危废垃圾已经由专门机构负责进行处理处置了。广大的农村废弃物要大力发展生物质能的综合利用，使其“变废为宝”，可以用来做有机肥，产生沼气，做固体颗粒燃料，也可以用作生物质发电厂的燃料、稻壳发电等。

城市垃圾暂时堆放在空地上，逐年堆积起来，堆场不断扩大，最终城市垃圾将无地方可堆放。这些堆放的垃圾，会给人们的环境和健康带来危害。

垃圾围城的危害：

（1）垃圾堆放占用了大量土地，直到占用耕地，影响农业生产。

（2）垃圾堆放污染土壤，垃圾中的有毒有害化学物质、重金属等在土壤中数十年不会降解，使土地失去耕地的作用。

（3）垃圾堆场又是病毒细菌等微生物滋生的温床，危害周边人们的健康。

（4）垃圾在堆场中，腐化的过程会释放出各种有害气体，污染空气、恶化环境、危害人们的健康。

（5）1994 年 7 月上海一艘装垃圾的船舶发生爆炸，原因是船上的垃圾发酵，产生甲烷气爆炸，有时垃圾还会因内部温度升高而发生自燃。

（6）上海虹桥垃圾发电厂发生爆炸，其原因是垃圾渗漏液产生了沼气。

二、我国垃圾的处理处置现状

随着中国城镇化和工业化进程的加快，“垃圾围城”现象突出、形势严峻。2015 年全国城市垃圾超过 2 亿吨，目前中国人均每天产生垃圾量约为 0.8 ～ 1.2 公斤，预计到 2030 年全国城市垃圾将超过 4 亿吨。在广大农村地区，每年大约产生 1 亿吨垃圾，只有 11% 被适当处理。全国 600 多座大中城市中有 70% 城市被“垃圾包围”。

垃圾围城的情况如图 6-2 所示：

图 6-2　垃圾围城

1. 我国垃圾处理处置方式

目前我国城市生活垃圾的处置，还是以卫生填埋为主。截至 2014 年末，填埋占比 65.42%（填埋场 605 座），其次是焚烧处理占比 32.52%（焚烧厂 167 座），其他设施占比 2.05%（26 座），无害化和资源化水平较低，如图 6-3。同期全国县城生活垃圾无害化设施，绝大多数是卫生填埋，占比 93.45%（填埋场 1 055 座），焚烧占比 3.04%（焚烧厂 34 座），其他设施占比 3.54%（其他 40 座），如图 6-4。

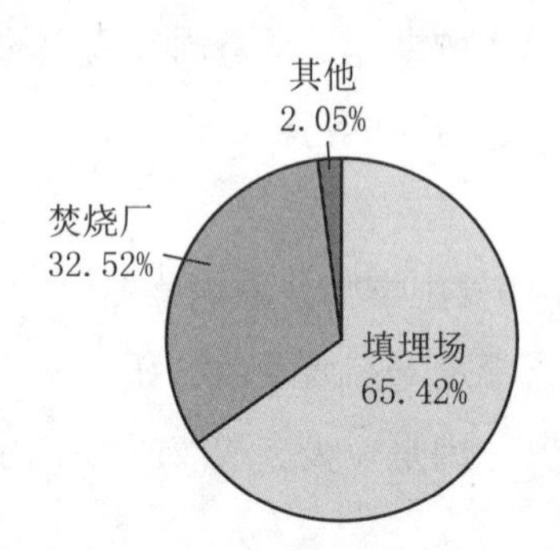

图 6-3　2014 年全国城市生活垃圾无害化设施比例

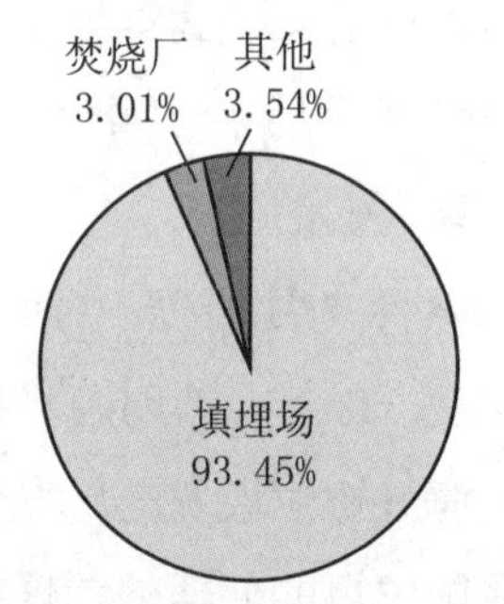

图 6-4　2014 年全国县城生活垃圾无害化设施比例

表 6-1　2010 年（“十一五”末），全国城镇生活垃圾处理设施采用技术情况

处理设施	填埋	焚烧	其他
日处理量（吨）	352038（吨 / 日）	89625（吨 / 日）	15254（吨 / 日）
占比	77%	20%	3%

表 6-2　2015 年（“十二五”末），全国城镇生活垃圾处理情况

处理设施	填埋	焚烧	其他
日处理量（吨）	513748	307155	50588
占比	59%	35%	6%

2. 垃圾填埋对环境的影响

（1）首先要占用大量的土地资源，而城市用地十分紧张。建设垃圾填埋场必须占用大量土地，造成原有植被的破坏，改变原有土地的功能，造成生态环境的破坏。据统计，2006 年全国受污染耕地约为 1 000 万公顷（1.5 亿亩），约占全国耕地面积十分之一以上。其中，污水灌溉污染的耕地约 217 万公顷。固废物堆场占地和毁田 13 万公顷。每年受重金属污染的粮食达 1 200 万吨，损失 2 000 亿元。我国每年垃圾产生量约 1.5 亿吨，全国垃圾堆放占地累计 5 万多公顷，有四分之一的城市已无垃圾堆放土地了。全国已有约 400 多座城市出现垃圾围城困境。垃圾堆场污染了大气、土壤和水资源，对人类造成严重危害，已到了不得不重视的时刻了。

（2）垃圾填埋场的垃圾渗滤液导致地下水严重污染。中国环境科学研究院固体废物污染控制技术研究所从 2008 年开始，对 10 个省市 30 余家生活垃圾及危废物填埋场防渗土工膜完整性开展渗漏检测调研工作。现场调查结果显示，大多数填埋场导排系统已经失效，大量渗滤液（高浓度有机污染物）从填埋场内已进入地下土壤环境，渗滤液污染深度已经达数十米深。据估算已建填埋场造成的污染土壤和地下水的修复费用将高达 1 000 亿元。

（3）填埋场危险气体排放存在爆炸隐患。随着时间的推移，垃圾填埋场在封场过程和封场后内部垃圾发生复杂的厌氧反应，会产生可燃性混合气体，如不加以合理导排，将可能存在爆炸危险。

3. 几件严重的垃圾污染事件

（1）倾倒近两万车垃圾渣土致严重污染 4 人获刑

上海某清洁服务有限公司冒用其他公司名义并提供假的委托书和合同，申请到了建筑垃圾和工程渣土处置证，于 2015 年 10 月至 2016 年 5 月间，违规运输建筑垃圾四千余车、工程土方近一万六千车，倾倒于浦东新区临港某

地。由于处置不当，经过一段时间的日晒雨淋后，垃圾发酵，造成地块周边环境污染。经权威机构检测估算，清理这些污染物所需费用高达人民币 2 500 万元。2017 年 8 月，公安机关将公司负责人抓捕归案。

（2）18 船废弃物非法倾倒进大海

江苏某建设工程有限公司在未取得海洋行政主管部门批准的情况下，于 2018 年 4 月 19 日至 25 日间，违规将 18 船共计 4 500 立方米疏浚物向海洋实施了倾倒，中国海监上海市总队对涉事企业做出警告并罚款人民币 51 000 元的处罚。

（3）江苏泰兴长江边倾倒污泥“变本加厉”

江苏泰兴某污水处理有限公司长期在长江岸边违法倾倒污泥，经有关部门点名后仍不整改，污泥堆积量反而大幅增加，给周边环境和长江水质安全带来了巨大威胁。经当地人士举报，中央环保督察组核实，2016 年泰兴市环保局对该公司下达了行政处罚决定书。

（4）上万吨工业垃圾肆意倾倒长江

为降低垃圾处置成本，江苏、浙江一些非法企业利用长江航道，将大量危废与固废垃圾混合，再在表面覆盖黄土，非法运载至安徽省内，违法倾倒，对当地环境造成巨大污染，并严重影响长江水质安全。经公安机关及环保相关部门调查取证，违法企业被一一查获。

第二节　垃圾是放错地方的资源

一、垃圾可以“变废为宝”

1. 垃圾里面有宝藏

垃圾是放错了地方的资源，所有从地下矿藏中开采的资源，并没有消失，而是转变了形式，成为地面上各种不同用途，不同形态的东西。特别是矿产金属资源，是可以多次利用的，故城市垃圾可以称为“城市矿藏”。二十一世纪将成为再生资源发展的时代。例如废旧电器电子产品垃圾中，就含有各种金属、塑料、玻璃等，都是可以回收再利用的资源。在城市中做好再生资源回收工作，可以减少 40% 的垃圾填埋量，而且产生巨大的环保效益和经济效益，这是真正的“变废为宝”。

2. 变废为宝，我们做到极致——台北案例

案例展示台北如何采取减量化与资源化策略，通过垃圾不落地、垃圾费随袋征收、家户厨余全面回收、焚化底渣再利用等措施，达到“资源全回收，垃圾零掩埋”的目标。

展馆展示了厨余回收再利用、河沟泥沟土再利用及焚化飞灰水洗后再利用的全过程。展出“垃圾全分类设施”，减少焚化量，降低污染，并充分回收当中的资源物质，达到“资源零浪费”的永续环境等理念。案例还施予多媒体、剧场表演及馆外即兴表演等非实物案例展示方式与观众互动，见图 6–5。

图 6–5　台北案例馆

在城市中垃圾的综合利用可以发展成为一项新兴产业。如废纸、废金属、废塑料、废玻璃等，完全可以回收再利用，还可以从源头上减少垃圾量，减少污染而且养成节约社会资源的好风气。

二、各种可收回利用垃圾的价值

1. 回收一吨废玻璃的价值

废玻璃可以百分之百回收利用，玻璃制造是一个高耗能行业，利用一吨废玻璃的价值：

（1）可以生产一吨玻璃制品，可节省成本 20%，约 980 元。

（2）可节省 684 千克石英砂。

（3）可节省216千克纯碱。

（4）可节省214千克石灰石。

（5）可节省53千克长石粉。

（6）可节省1 000千克煤。

（7）可节省400多度电。

2. 回收一吨废纸的价值

据测算，每利用一万吨废纸可生产8 000吨纸浆，节约木材3万立方米，节约标煤1.2万吨，节约水100万立方米，少排废水90多万立方米，节电600万度。废纸的利用，可以节省木材等造纸原料，减少森林采伐、减少污染，节省能源、降低成本，可见废纸回收利用是发展造纸业的一条重要途径。

3. 回收一吨易拉罐的价值

从铝矿开采到制成一吨铝锭，要耗电14 622度，同时还要消耗石油和天然气等各种能源，折算到煤大约消耗9.6吨标煤。同时要排放21.8吨二氧化碳。现回收一吨易拉罐可少开采2吨铝矿石，少冶炼1吨铝锭，减少污染。凡是金属制品，从矿石到制品都要消耗大量能源，而废金属回收是一个成熟的产业，所以每家每户都应把废金属分类存放等积到一定数量卖给废品回收站。

4. 回收一吨废钢铁的价值

每回收一吨废钢铁可以炼出好钢0.9吨，节约铁矿石3吨，节约焦炭1吨。比用矿石冶炼节省成本47%，减少空气污染75%，减少水污染97%，还减少矿渣等固体废弃物。

5. 回收一吨塑料饮料瓶，可以制成0.7吨塑料原料。废塑料还可以用来提炼汽油和柴油。

三、我国垃圾处理的政策

2015年是中国环境发展历史上具有里程碑意义的一年。中国共产党第十八届中央委员会等五次全体会议，于2015年10月26日到29日在北京举行，全会通过“十三五”规划《建议》，将绿色发展作为五大发展理念之一，并独立成章，对生态文明建设和环境保护作出重大战略部署。全会提高、推动低碳循环发展，提高非石化能源比重，主动控制碳排放，实施循环发展引领计划，加强生活垃圾分类回收和再生资源回收的衔接，全面节约和高效利用资源，加大环境治理力度，推进废弃物资源化利用、无害化处置。

对洋垃圾，中国坚决拒入。洋垃圾进入中国的历史，可以追溯到上世纪八十年代，当时为缓解材料不足，中国开始从国外进口可用作原料的固体废物，成为全球重要的废品回收国。据统计，从 1995 年到 2016 年间，中国进口垃圾从 450 万吨猛增到超过 4 500 万吨，固体废物中废纸约占六成，其他还有废塑料、废五金、氧化皮等。中国处理了全世界至少一半的纸制品、金属和塑料废品。最大的固废进口来源地为美国、日本、英国。

但是，随着经济的不断发展，目前处理洋垃圾的成本已超过进口洋垃圾带来的经济效益。同时，堆积处理洋垃圾的过程中，带来的次生污染十分严重。如对垃圾分拣人员造成健康伤害，焚烧垃圾时有毒有害物质排入空气中等。为此，2017 年 7 月 18 日国务院办公厅发布《禁止洋垃圾入境推进固体废物进口管理制度改革实施方案》，要求推进生态文明建设，全面禁止洋垃圾入境。2018 年 1 月起中国正式施行禁止洋垃圾入境新规，停止进口包括废塑料、未分类的废纸、废纺织原料、钒渣等在内的 4 类 24 种洋垃圾。2018 年 3 月 26 日外交部新闻发言人华春莹在例行记者招待会上，对美国指责中国停收洋垃圾的有关报道进行回应，“自己的垃圾自己消化”！

第三节　垃圾的分类和综合利用

一、垃圾分类的重要性

垃圾如何“变废为宝”呢？首先是把垃圾分类，这是处理处置城市垃圾的重要环节。垃圾的分类工作看起来好像很简单的事，但做起来却并不容易，因为这是牵涉到千百万群众的自觉行动问题，涉及社会管理的环卫工作、清运工作、垃圾收集、垃圾压缩、垃圾转运、垃圾分拣，最后是垃圾的处理处置工作。

垃圾管理是一行涉及社会管理的系统工程，从最初的马路垃圾箱的设置和小区垃圾箱的设置做起，有的放一只、有的放二只，在各小区垃圾桶，有的放一只、有的放二只、有的放三只、有的放四只，垃圾桶上的标志也是五花八门。

垃圾要做到分类投放、分类收集、分类运输，为后续垃圾处理打好基础。

1. 垃圾如何分类最科学？

经分析，比较科学的分类应放四只垃圾桶，分别为可回收利用、有害垃圾、其他干垃圾、湿垃圾（餐厨垃圾）。

2. 垃圾的清运工作

无论设在小区内的，设在马路边上，公共场所的垃圾箱，做到日排日清，及时清运，减少对环境产生不良影响。马路上的垃圾，由专人清扫，有的用马路清扫车清扫。

垃圾的运输，各区均有专用垃圾运输车，上面有盖，不漏水的，减少对马路的二次污染。一般把垃圾运到转运站把垃圾压缩打包，有的装入集装箱内，再通过长途运输，陆路的、水路的。运到垃圾集中处理场，进行下续处理，实现综合利用。

垃圾如何变废为宝，主要在垃圾集中处理场内，进行最后分拣，把可回收利用垃圾全部取出，把有害垃圾、其他垃圾、湿垃圾进行减量化、无害化、资源化处理处置，同时做到综合利用的目标。

二、垃圾的最终处理处置办法

垃圾的最终处理处置办法有卫生填埋、堆肥、焚烧发电等。

1. 卫生填埋

目前国内许多城市普遍采用的办法非常简单，先按标准建成卫生填埋场，然后将垃圾倒入，在垃圾上盖土、压实，使垃圾发生物理、生物、化学变化，分解有机物，达到无害化、减量化目的，还可以回收垃圾填埋气进行发电。缺点是永久性占用土地，且面积大，若在设计、施工、管理不好的话，仍会污染土壤和地球。

2. 垃圾堆肥

在一块堆肥场地内，利用微生物对垃圾中的有机物进行代谢分解，变成有机肥。缺点是肥效低，而且要拣去有毒有害物质，否则变成有毒、有害肥料，损害农作物质量，危害人们的健康。

3. 垃圾焚烧发电

垃圾焚烧是一种积极的垃圾处理处置办法，能做到减量化和无害化，但不能实现资源化利用。在国外一些发达国家，由于土地资源日益紧张，采用垃圾焚烧发电的比例较高，历史也较长。

在城市中，首先把有机垃圾和无机垃圾分开。把有机垃圾给予粉碎、干燥，压制成固体颗粒燃料，可以代替煤，供城市供热锅炉作燃料，也可以送到燃煤发电厂作燃料发电。

随着技术的进步，垃圾可以直接送到垃圾焚烧发电厂内，在垃圾焚烧炉内焚烧发电。其灰渣可以用来做建筑材料，此办法的优点是真正做到减量化、无害化、资源化，缺点是配套设备多、投资大、技术要求高、管理要求严。

三、一种将垃圾全部循环利用的处置办法

在大中城市建设现代化的固体废弃物（即垃圾）综合处理厂，将垃圾进行“四化”（无害化、资源化、自动化、智能化）的综合处理，并将垃圾全部循环利用，完全替代垃圾焚烧和填埋处理。

这里需要安装把垃圾回收、分离、资源化循环利用的一整套技术装备。其处理过程如下图所示：

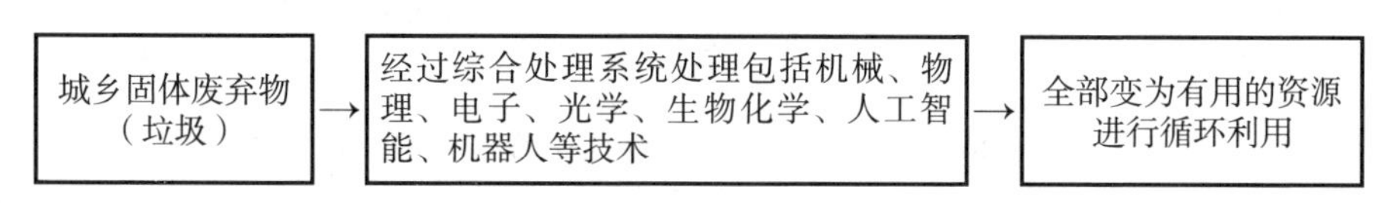

图 6-6　垃圾循环利用流程图

特点：免焚烧和填埋，运用机械、物理、电子、光学、生物化学、人工智能、机器人技术，组成一个庞大、高效、优化的处理系统，对城乡所有固体废弃物进行综合处理，不用家庭分类和垃圾转运站分类，减少人工分类；所有垃圾全部变成有用的资源，全部进行循环利用；本项目还能把已经填埋的垃圾挖出来进行综合处理，变成有用的资源循环利用。

这种垃圾全部循环利用的过程处理如下图所示：

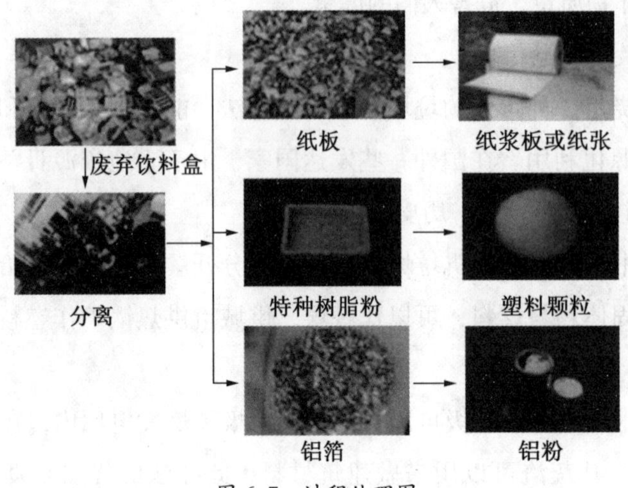

图 6-7　过程处理图

废弃复合包装资源化处理循环利用路线如下图所示：

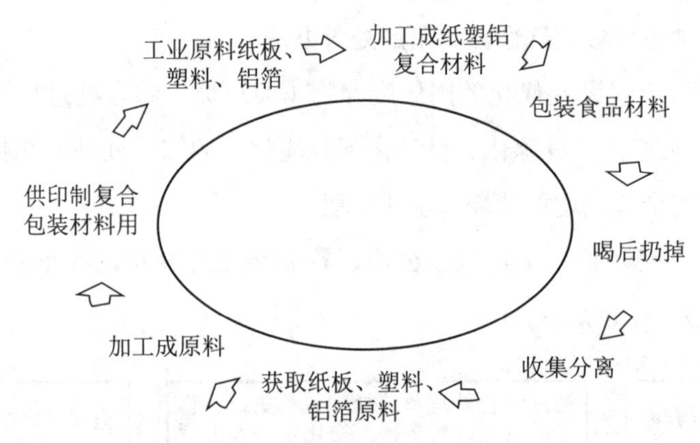

图 6-8　废弃复合包装资源化处理循环利用路线

第四节　垃圾的卫生填埋和填埋气发电

一、垃圾填埋场建设

垃圾填埋是指垃圾堆体与地表之间设置防渗层，将垃圾与土壤、地下水隔开，防止垃圾堆体中流出的渗沥液及堆体释放的气体污染土壤、地下水和大气。垃圾填埋场的建设是一个系统而复杂的过程，主要包括：防渗、渗沥液导排与收集、渗沥液处理、填埋气体的导出及利用等内容。

垃圾填埋体的主要构成，如图 6–9

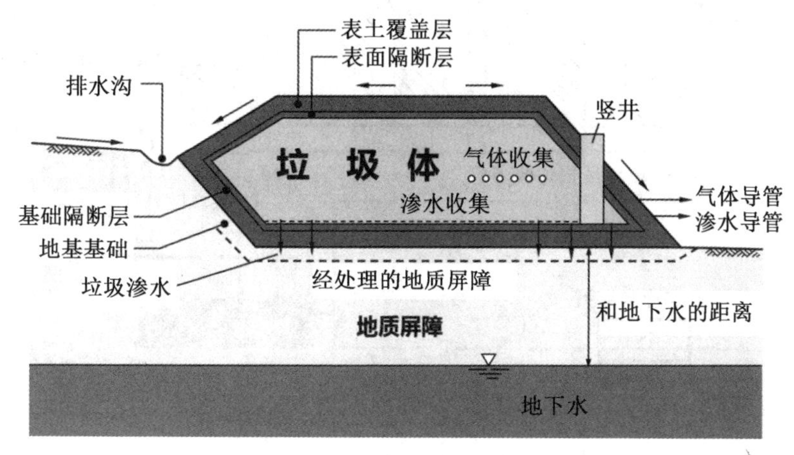

图 6–9　垃圾填埋体的主要构成

垃圾填埋场的防渗工程分为：库底防渗、边坡防渗、垃圾坝防渗、调节池防渗等。填埋场的防渗建设是区别于简易填埋场和垃圾堆场的主要标志之一，其防渗层设计与施工质量直接关系到垃圾填埋场的成败。

二、垃圾填埋气的收集与发电

1. 垃圾填埋气的产生

垃圾中的有机物质，在填埋场内，经过一定的时间后会分解生成垃圾填埋气。每吨家庭垃圾中大约有 150 公斤至 200 公斤的有机质，垃圾填埋气主要成分由甲烷（CH_4）、二氧化碳（CO_2）和氮气（N_2）组成。这种气体如果自然释放出来，就会减缓或阻碍垃圾填埋场按计划快速地还原成土壤，为此必须持续和有控制地把垃圾填埋气吸出来，并且加以利用，生产能源。

2. 垃圾填埋气的导出和利用

以穿孔方式将导气管钻入填埋体内，并与收集管道系统相连接。再用一台送风机把填埋气从填埋场内吸出来，对其进行压缩、干燥，并送入燃气内燃机。出于安全考虑在集气管道终端安装一个气体燃烧口，以便将多余的气体燃烧掉。燃气内燃机发的电可以自用或输送到公共电网中去，见图 6–10。

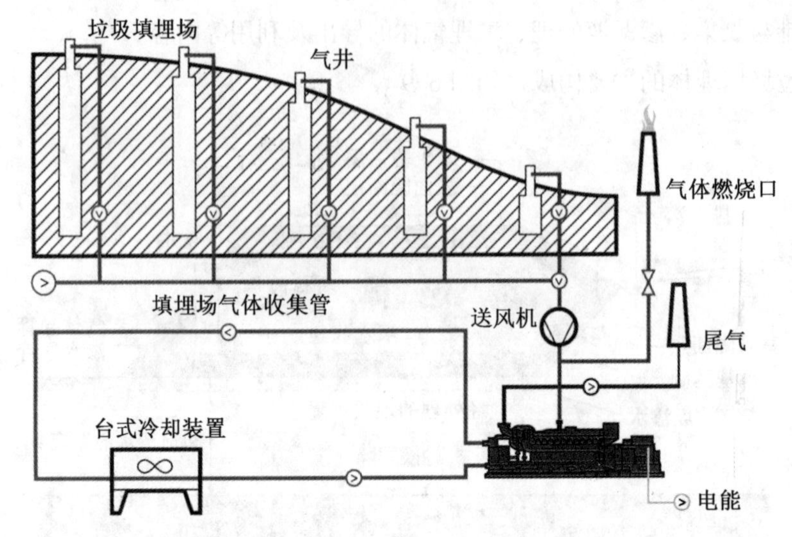

图 6-10　垃圾填埋气发电示意图

垃圾填埋气发电系统示意图，见图 6-11：

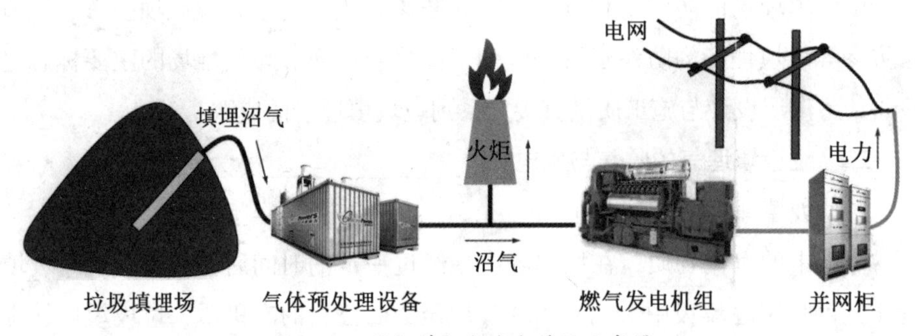

图 6-11　垃圾填埋气发电系统示意图

亚洲最大垃圾填埋场——老港垃圾填埋气发电项目

项目概况：上海老港生活垃圾填埋场位于上海市浦东新区老港镇东侧，占地面积 3.36 平方公里，距市中心约 60 km。项目四期日处理城市生活垃圾 4 900 吨。该项目采用 7 台 1 409 kW 垃圾填埋气发电机组。齐耀动力以 EPC 工程总包方式承建该项目，见图 6-12。

垃圾填埋产生的沼气进入燃气内燃机进行发电，烟气型溴冷机利用燃气内燃机产生的高温余烟制取冷水或者热水以供制冷或者采暖，实现了能源的阶梯利用，使燃料利用率达到 80% 以上，见图 6-13。

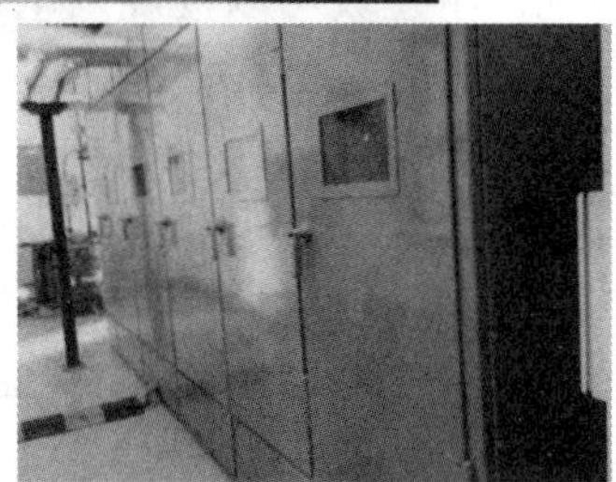

图 6-12　亚洲最大垃圾填埋场：上海老港垃圾填埋场四期填埋气发电项目 EPC

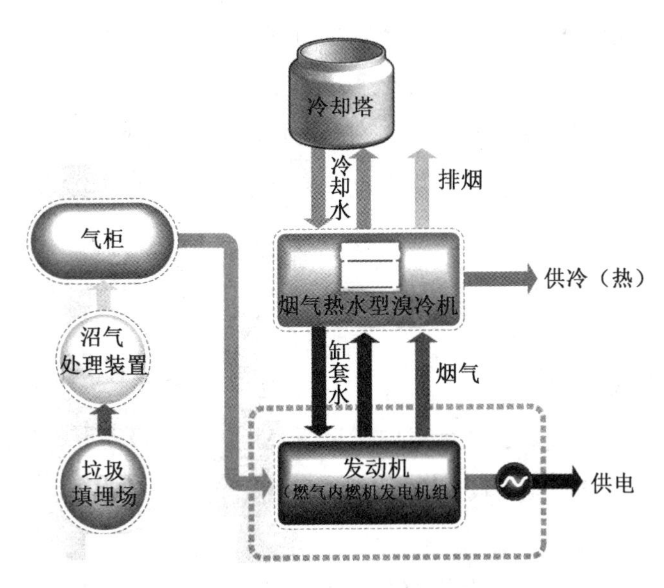

图 6-13　垃圾填埋场热电冷联供系统原理图

第五节　垃圾焚烧发电

一、垃圾是一种潜在的资源

垃圾处理处置的目的是要实现“减量化、无害化和资源化”。生活垃圾中有许多有机质，其中储存着相当的能量。这是一种“潜在的资源”，如湿垃圾可以产生沼气，干垃圾可以焚烧发电，可回收垃圾作为资源进行再利用，就连危险废弃物也可以加以利用。城市生活垃圾是一种取之不尽的可再生能源。

在城市中，平均每人每天可产生一公斤生活垃圾，如上海市每天产生生活垃圾2万多吨。如建设一家日处理2 000吨垃圾发电厂，就要建造十家垃圾发电厂，而且可以做到就地取材、就地发电、就地消化的良性循环效果。

二、政府的决策

我国的垃圾焚烧发电起步较晚。2011年3月23日，国务院总理主持召开国务院常务会议，研究部署进一步加强城市生活垃圾处理工作。会议提出“推广废旧商品回收利用、焚烧发电、生物处理等生活垃圾资源化利用方式”。国务院提出的目标是：“通过努力，到2015年全国城市生活垃圾无害化处理率达到80%以上。”会议特别强调，随着政府的支持力度不断加强，垃圾焚烧发电有望进入大规模建设期，这使一度引起社会广泛争议的垃圾焚烧问题得到最高决策层的肯定，垃圾焚烧发电将在“十二五”期间获得国家层面的大力推广，使越来越多的城市积极建设垃圾焚烧发电厂。到2016年底，全国建成投运的垃圾焚烧发电厂近300座，占垃圾清运量的35%。全国拟建项目还有141座。大力发展垃圾焚烧发电，有利于城市环境的改善，有利于经济的可持续发展。

三、垃圾焚烧技术

垃圾焚烧技术有三种：

1. 层状燃烧技术

采用炉排式焚烧炉，技术成熟、运行稳定、对垃圾彻底处理能力强，适用于连续运行，实际应用较普遍。

2. 流化床燃烧技术

采用流化床焚烧炉，燃烧充分，炉内燃烧控制较好，炉温可达850℃以上，操作复杂，运行费用较高，设备维护工作量大，系统连续运行能力较低，实际应用较少。

3. 回转式燃烧技术

采用回转式焚烧炉，设备利用率高，灰渣含碳量低，有害气体排放量低，但燃烧不易控制，碰到垃圾热值低时燃烧困难，适用于垃圾量较少地区使用。

四、垃圾焚烧发电

1. 垃圾焚烧发电的优点

（1）垃圾“减量化，资源化，无害化”效果较好。

（2）垃圾焚烧发电设备规模较大，处理量较大。

（3）垃圾焚烧发电设备的运营，管理技术成熟，便于推广。

（4）垃圾焚烧发电可以做到垃圾就地产生、就地消化、就地利用。

（5）垃圾焚烧发电不要担心燃料的短缺，垃圾是一种“永不枯竭的可再生能源”。

（6）垃圾焚烧发电使城市增加电力供应，增加就业岗位，改善城市环境。

2. 垃圾焚烧发电的生产流程，如图 6–14 所示：

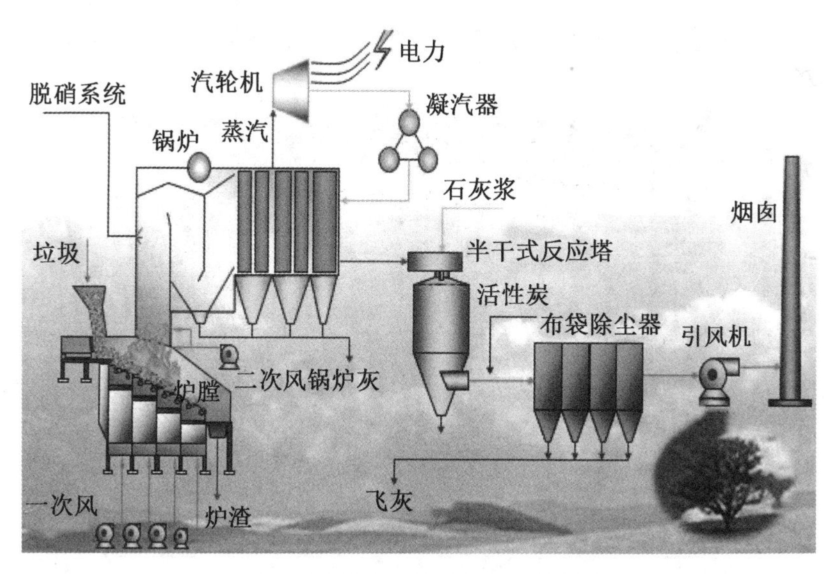

图 6–14　垃圾焚烧发电的生产流程

（1）生活垃圾密闭运到垃圾发电厂，将垃圾倒入垃圾贮存仓，仓内保持负压状态，抽出的嗅气送入焚烧炉。

（2）垃圾在贮存仓内停留 5 天左右，用遥控抓斗对垃圾进行有序堆放，经沥水、发酵后，送入焚烧炉焚烧，达到减量化、无害化、资源化的过程。

（3）燃烧后的烟气经净化系统除去烟尘、有害气体，达标后排入大气。

（4）炉渣、炉灰可利用制砖等，飞灰加入螯合剂进行水泥固化，送填埋场填埋。

（5）炉内脱氮，石灰石脱硫，活性碳吸附，有效控制二噁英。

3. 上海江桥垃圾发电厂介绍

（1）上海江桥城市生活垃圾焚烧厂鸟瞰图（图 6–15）。

图 6–15　焚烧厂鸟瞰图

（2）上海江桥生活垃圾焚烧厂的厂门口（图 6–16）。

图 6–16　焚烧厂门口

（3）上海江桥生活垃圾焚烧厂区门口的生产信息显示屏（图 6–17）。

图 6-17　焚烧厂生产信息显示屏

（4）垃圾运输车把垃圾卸入密闭的储存池内（图 6-18）。

图 6-18　垃圾储存池

（5）垃圾抓斗桥式起重机：垃圾抓斗起重机（简称：垃圾吊）为垃圾焚烧厂承担垃圾焚烧炉进料斗的供料和坑内垃圾的搬运、搅拌、倒垛、堆放等任务，是供料系统的核心，也是整个垃圾焚烧厂的关键设备（图 6-19）。

图 6-19　垃圾抓斗式起重机

该起重机主要由桥架、大车、配有起升机构和运行机构的小车、电气设备、抓斗五大部分组成。其大车和小车部分的起升机构、运机机构都有各自的电机，进行单独驱动，由放置在固定操作室的联动台来控制各机构的运行。

（6）垃圾焚烧炉采用先进的自动燃烧控制技术，实现垃圾完全燃烧（图6-20）。

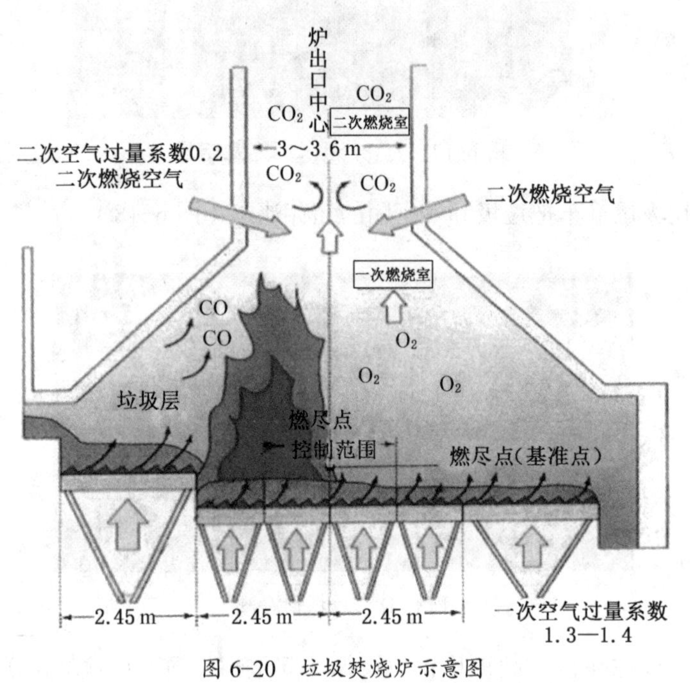

图 6-20　垃圾焚烧炉示意图

（7）独立炉排驱动结构，根据垃圾品质灵活调节（图 6-21）。

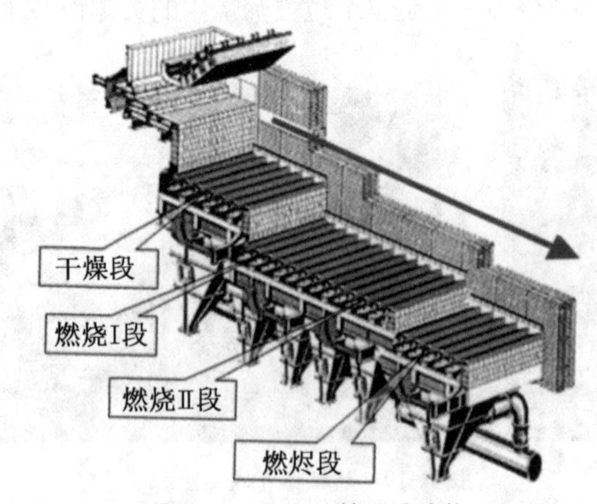

图 6-21　独立炉排驱动结构

（8）上海江桥生活垃圾焚烧厂汽轮发电机车间（图 6–22）。

图 6–22　汽轮发电机车间

（9）上海江桥生活垃圾焚烧厂总控室（图 6–23）。

图 6–23　总控室

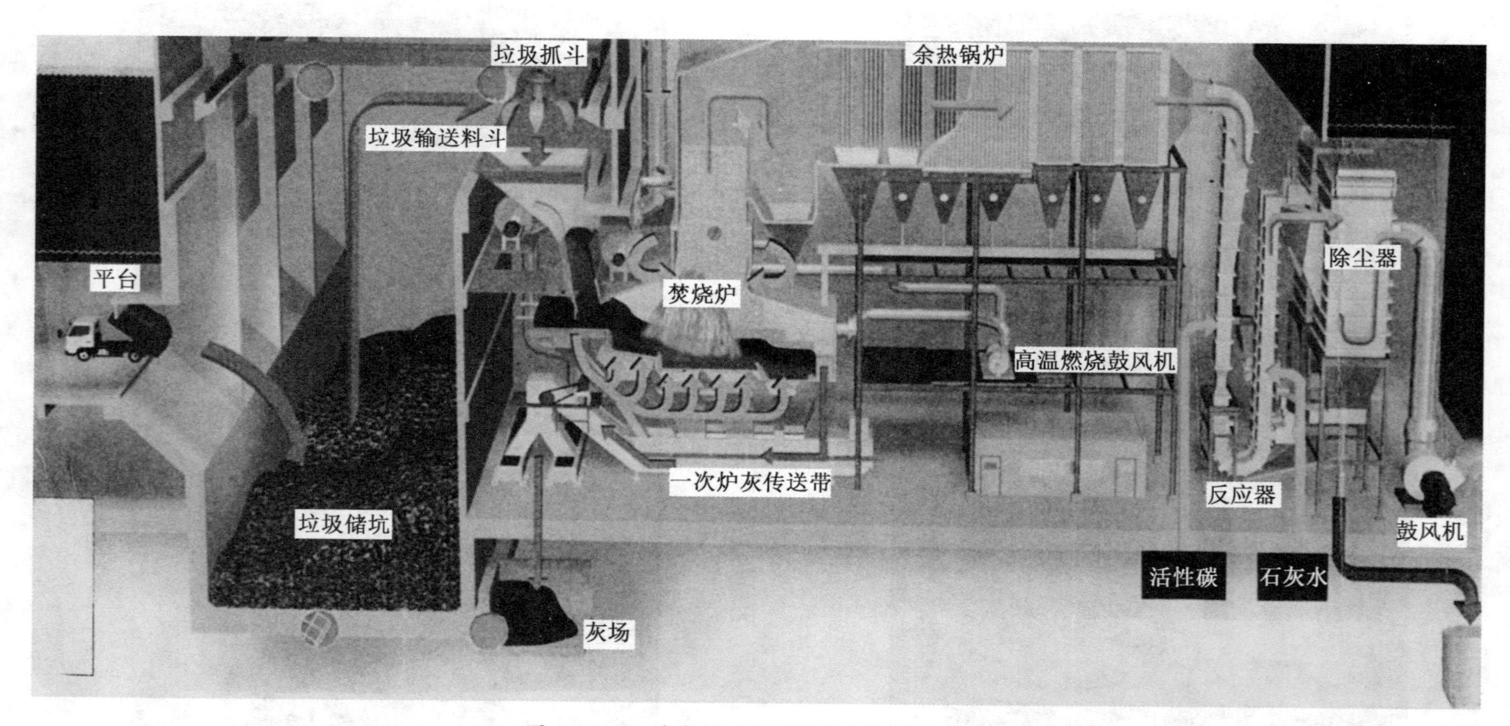

图 6-24　一座完整的垃圾焚烧发电厂示意图

第六节　垃圾气化发电

一、意大利某公司推出一种让垃圾气化后发电的新技术

第一步：先清除垃圾中的金属物件和含铁材料，然后把垃圾粉碎，并压制成砖块大小的垃圾砖块。

第二步：将这些垃圾砖块装入一个高大的金属气化炉内，在 140.5 ℃温度下进行处理，部分气体燃烧用以产生烘干垃圾砖块所需的热量，接着通入蒸汽，使气化炉中的大部分物质被气化，利用这些气体进入燃气轮机发出电来。

二、浙江城市生活垃圾热解气化发电

2012 年 5 月 8 日浙江丽水市举行“城市生活垃圾热解气化发电（创新）技术报告会”。由中国先科环境技术有限公司研究开发的热解气化技术，在丽水城市垃圾焚烧发电厂首次应用取得阶段性成果，适合我国中小城市生活垃圾的处理。

垃圾热解干馏气化示意图：

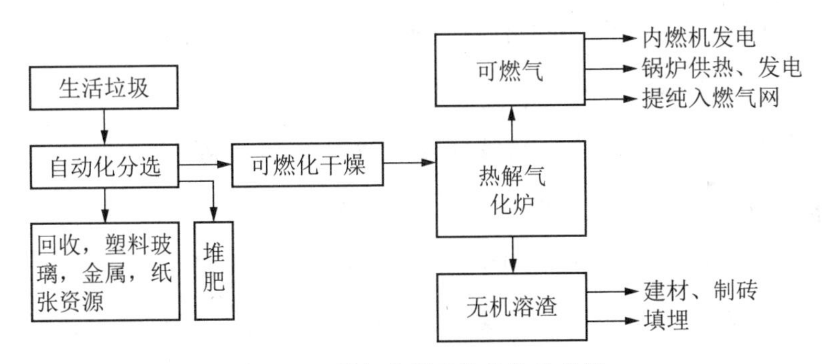

图 6–25　垃圾热解干馏气化示意图

三、垃圾热解干馏气化技术与其他处理技术比较

表 6–3　垃圾热解干馏气化技术与其他处理技术比较表

对比项目	填埋	焚烧发电	热解干馏气化
占地面积	大	大	小
投资	大	大	少
减容量	10% ～ 20%	50% ～ 70%	60% ～ 80%
资源回收	少	中	全部回收

续表

对比项目	填埋	焚烧发电	热解干馏气化
产出	少量沼气	电能和热能	电能、热能、各类资源
处理程度	无处理	剩余灰渣	完全处理
大气污染	有害气体	二噁英	无
水污染	有污染	无	无
土壤污染	有污染	无	无
碳汇收入	无	少许	有

第七节 危险废弃物和医疗废弃物的处置

一、什么叫危险废弃物

垃圾焚烧只能处理一般的固体废弃物，减量化可达80%，仍有20%的飞灰和炉渣需要填埋处理，且飞灰中含有危害人体健康的二噁英和重金属等，这些属于危险废弃物，对此物要进行稳定固化后再填埋。在烧湿垃圾的炉渣中也存在很多有害有毒物质，也是危险废弃物。其次，还有医疗废弃物也属危险废弃物。统计显示，2016年上海产生的危险废弃物共计63.4万吨，全市危险废弃物焚烧处理能力为23万吨/年。上海市的医疗废弃物，2007年产生一万多吨，到2016年产生四万多吨，平均每日产生医疗废弃物120吨。全市有70辆医疗废弃物专用运输车，对全市3 000余家产生医疗废弃物单位（二级及以上医院640多家）进行收集，汽车的倒料、进料、清洗、消毒全部自动化，全封闭控制。医疗危险废弃物的处置采用集中焚烧处理。上海市2007年8月建立二条医疗废弃物的焚烧生产线，日处理能力为50吨。2014年建设第三条焚烧生产线，日处理能力为70吨，是全国规模最大的焚烧生产线，总的处理能力可以满足上海市医疗废弃物的处置要求。

二、上海固体废弃物处置单位

上海固体废弃物处置中心成立于2001年10月，是上海市内一家集医疗废物、危险废物和一般工业固废于一体的集约化、市场化、专业化处理处置单位。

吉天师能源科技（上海）有限公司是一家专注于将固体废弃物转化为清洁能源的集设计、制造、安装、维护为一体的专业公司。

三、用等离子体气化技术处理危险废弃物

用等离子体高温处置危险废弃物，处理温度可提高36%，没有二噁英及重金属的排放，不需要填埋场地，不需要垃圾分类，而且处理废弃物的范围广，不论有机物、无机物、金属和放射性废料、医疗废弃物等，都可以处理。

1. 什么叫等离子体

等离子体不同于固体、液体和气态物质，是一种离子化的高温气体，是物质的第四态，其特性是温度和密度都很高，温度可达5 000℃，该气态可导电和发光，化学性活泼等，环保性能优良。

2. 等离子体气化技术的原理

通过电弧产生高达5 000 ℃以上的等离子体，能迅速使危险废弃物中的有机成分裂解气化，经急冷、提纯后，气体中的二噁英等有害物质被彻底脱除，最终成为洁净的含有一氧化碳和氢气的合成气。除了用于高效发电外，还可以合成柴油和乙醇等绿色液体燃料。其他无机物形成玻璃体，无重金属渗出，可以回收再利用，加工成建筑材料。

3. 等离子气化技术应用范围很广，包括：

（1）工业固体废物

（2）危废焚烧炉飞灰

（3）医疗废物

（4）危险液体废物

（5）市政污泥

（6）各种工业污泥

（7）城市生活垃圾

（8）各种有毒有害废料

四、等离子气化技术介绍

1. 等离子气化技术工艺系统，见图6–26。

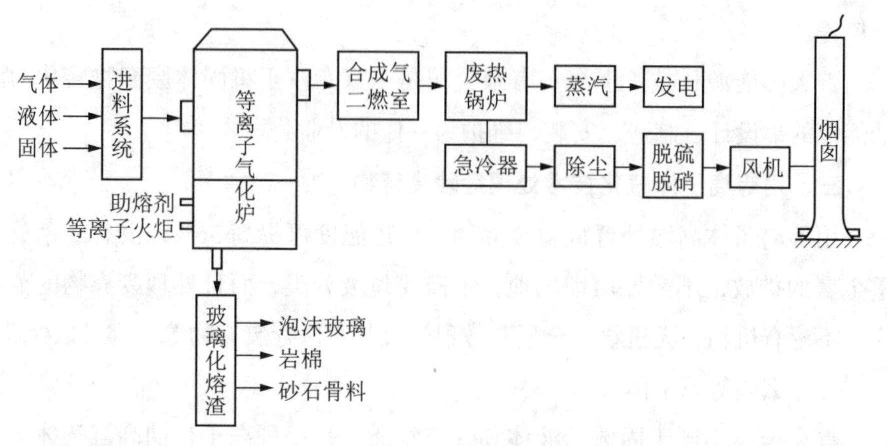

图 6-26　等离子气化技术工艺流程图

固体中无机物变成熔融态玻璃化惰性物料，无飞灰二次污染。烟气温度经急冷器从 55 ℃降到 200 ℃以下，防止二噁英产生。

2. 等离子气化炉，见图 6–27。

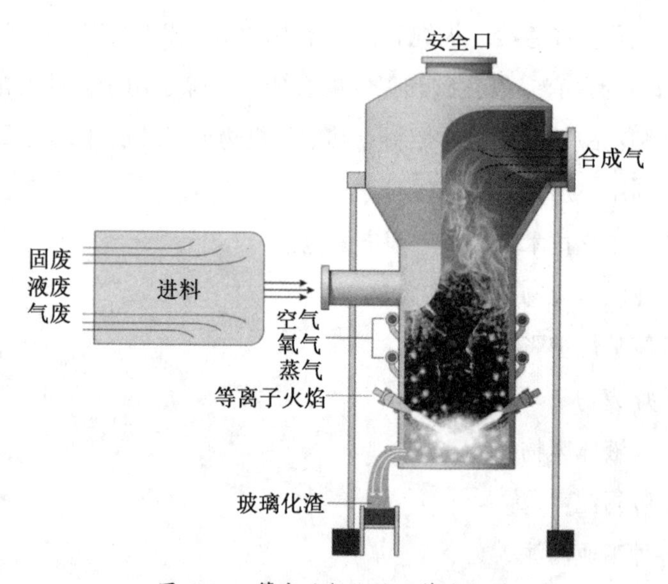

图 6-27　等离子气化炉工作流程图

特点：

（1）进料为连续进料。

（2）上部气化温度达 1 200 ℃，有机物全都裂解为氢，一氧化碳，甲烷等合成气。

（3）炉底温度 1 450 ～ 1 600 ℃以上，无机物全都变成熔融态，冷却后变成惰性玻璃化产物，不属于危险废弃物，不会污染土壤和地下水。

（4）其烟气经除尘，脱硫脱硝后做到超低排放标准。

（5）其烟气量只有普通焚烧炉烟气量的十分之一。

3. 等离子气化技术的优势

（1）处理原料广泛

可以处理各种固体、液体、气体的物料，可以处理各种有机物、无机物和金属污泥，可以处理各种危险废弃物和医疗废弃物。

（2）系统运行的安全性、可靠性有保证

用焦碳做床层，保证炉内还原性气氛，后端采用引风机，保证系统负压运行。用各种传感器，保证温度、压力、气体的监控，实现远程集中控制，做到无人值守。

（3）等离子炬能耗低

炉内只有等离子炬耗电，可以根据不同规格气化炉，来选择等离子炬。还可以根据入料情况，确定等离子炬的数量。

（4）无污染排放

气化过程中无二噁英产生，合成气净化后就像天然气一样可以燃烧发电。惰性的玻璃化熔渣，制成建材使用，不会污染土地和地下水。

第七章　污泥围城怎么办

第一节　污水处理问题

随着城市人口的不断增加，生活污水量相应不断增加，据“中国节能”介绍：截至 2015 年 9 月底，全国各级县市（以下简称城镇，不含其他建制镇）累计建成污水处理厂 3 830 座，污水处理能力达 1.62 亿立方米 / 日，年产生含水率 80% 的污泥 4 000 多万吨，平均每天产生约 11 万吨湿污泥。

一、污水处理厂的工作

污水处理厂送进去的是污水，排出来的是清水，其副产品是含水率为 80% 的湿污泥。

1. 一般中、小县城污水处理厂

规模均较小，日处理污水量在 1 万立方米～ 20 万立方米之间。工艺路线也较简单，一般污水经集水井→曝气沉砂池（图 7–1）→初沉池→ AO 池（图 7–2）→二沉地（图 7–3）→消毒池（图 7–4）→排入当地的江河。

2. 大型污水处理厂

上海有家全国规模最大的白龙港污水处理厂（图 7–5），承担着上海全市三分之一左右的污水处理任务，日处理污水量约 200 万立方米，服务面积 1 255 平方公里，服务人口 712 万人。

处理工艺：采用重力浓缩＋离心机浓缩＋中温厌氧消化＋离心脱水＋部分脱水污泥热干化的流程。脱水污泥处理的单位成本约 120 元 / 吨。

图 7-1　曝气池

图 7-2　A/O 池

图 7-3　二沉池

图 7-4　除臭装置

图 7-5　白龙港污水处理厂

该厂2008年12月开工建设一座国内最大污泥消化处理工程，安装8只巨蛋型消化池，高45米，腰部最大直径25米，单只蛋容量为12 400立方米，2011年11月投入运行。湿污泥在消化池内停留24天左右产出大量沼气，经消化处理后产出干污泥。

二、各种有机废水处理工程案例图

1. 果蔬汁废水，见图7–6、7–7。

图7–6　白水安德利果汁废水处理工程

图7–7　咸阳安德里果汁废水处理工程

2. 造纸废水，见图7–8、7–9。

图7–8　浙江衢州造纸废水处理工程

图7–9　内蒙古海拉尔晨鸣纸业废水工程

3. 养殖废水，见图7–10、7–11。

图7–10　青岛新雅畜禽废水处理工程

图7–11　天津中粮集团粪污处理工程

4. 制药废水，见图 7–12、7–13。

图 7–12　浙江台州海神制药废水处理工程

图 7–13　山东青岛华元生物制品废水处理工程

5. 市政污水，见图 7–14、7–15。

图 7–14　北京奥运村北小河污水处理厂

图 7–15　酒泉卫星发射中心污水处理工程

6. 淀粉废水，见图 7–16、7–17。

图 7–16　山西介休淀粉厂污水处理工程

图 7–17　广西武鸣县淀粉厂污水处理工程

三、生活污水可变为有用资源

我们每天都在产生污水，只能把污水送进污水处理厂进行处理，最后产出污泥。随着科学技术的发展，现在生活污水可用来造肥料、发电、变燃油等，污水成为有用资源。

1. 污水发电

居民生活污水中含有大量有机物，可以把这些有机物用来发电。首先把生活污水引入到一个密闭的大池中，然后在池中加入一些可以让有机物发酵的产甲烷细菌。这些细菌吞食污水中的有机物，产生出可燃的甲烷气。再经过净化处理后，可以输送到发电厂燃烧发电。

2. 污水造肥料

来自生活污水的淤泥富含有机质，可以用来造肥料。先把淤泥经高温烘干成颗粒状，然后传输到筛选装置中，重金属及其化合物因为密度大会沉积到底部。上部不含重金属的“绿色”淤泥颗粒进入一个密闭的除臭箱，经过除臭之后就可以装袋使用了。这些淤泥颗粒富含氮和磷，很适合用作肥料，如图 7-18。

图 7-18 污水淤泥制肥料

3. 污水制燃料

对于一些有机质特别丰富的污水淤泥，可干化成颗粒，可以直接代替作燃料，如图 7-19。

图 7-19 污水淤泥制燃料

4. 污水制建材

对一些有机质含量特别少的污水淤泥，可以用来制造建筑材料，如制砖等。见图 7-20。

图 7-20 污水淤泥制建材及制砖

5. 污水变燃油

国外有一位大学教授，利用城市污水培育转基因油藻，藻类是一种含油量很高的植物，其产油量是玉米、柳枝稷等植物燃料的 15 倍。且海藻生长不受季节变化的影响，不受地域的限制。这种转基因油藻在生物污水中迅速生长和繁殖，产油率高达 10%。藻类生物喜欢污水中的许多养份如氮、磷等，从而转化为燃料油。这是未来城市污水处理的发展方向。

用污水培养转基因油藻的试验见图 7-21。

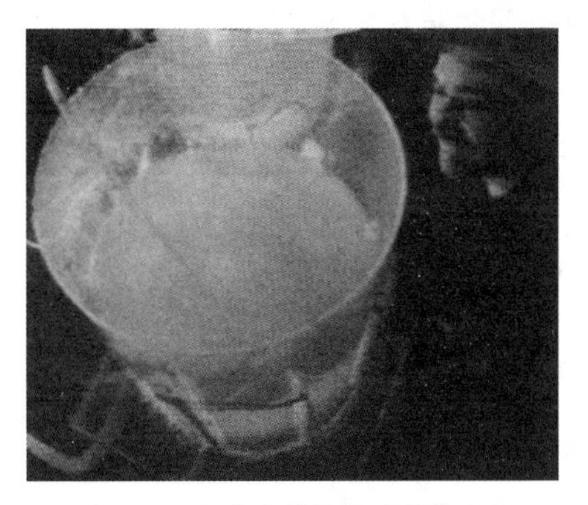

图 7-21 污水培养转基因油藻试验

第二节 污泥概况

一、污泥的定义及性质

污泥是指污水处理厂处理污水过程中产生的沉淀物质，以及从污水表面撇出的浮沫残渣。污泥颗粒较细，密度较小，含水率高，且不易脱水。

按照水分在污泥中的存在形式不同，可分为四类：

1. 间隙水：这是由大小污泥颗粒包围着的游离水；

2. 表面吸附水：这是由于表面强力作用所吸附的水分；

3. 毛细结合水：两固体颗粒接触表面之间，固体颗粒自身裂缝中存在的毛细结合水；

4. 颗粒内部水：指主要包含在污泥中微生物细胞体内的水分。

二、污泥的主要危害

1. 污泥的主要危害

（1）由于城市污水系统中混入医院排水和各种工业废水，故污水中含有大量病原菌和寄生虫卵等有毒有害物质，直接危害水质，影响人们的健康。

（2）由于污泥中含有大量有机质，容易腐化发臭，当进入土壤和水体后，影响环境。

（3）由于污泥中含有氮、磷、钾等植物营养素，可以使河水发臭，影响环境。

（4）由于污泥中有重金属等有毒有害物质，会造成对土壤和水体的污染。严重者会使土地失去耕作的能力。

2. 全国几次污泥危害的案例

（1）2009 年，北京酒仙桥污水处理厂将 6 500 吨含有重金属及细菌的污泥，倒入永定河旧河床沙坑内，造成重大污染事故。

（2）2014 年 12 月，浙江海宁警方破获一起跨苏、浙、沪、赣的特大污泥污染环境案，把 30 万吨皮革、印染企业的有毒污泥，倒入京杭大运河及鄱阳湖内。

（3）2015 年，甘肃省武威市荣华工贸有限公司，向腾格里沙漠腹地违法排放污水 8 万多吨，污染面积 26.6 亩。这是一起顶风违法事件。荣华公司是全国首批 151 家农业产业龙头企业之一，企业搬迁后，主体工程建成时污染治理设施未同步建成，未经批准，擅自投入调试生产，私设暗管向沙漠排放废水。目前已被依法勒令停产，撤除全部暗管，并罚款 300 多万元，追缴调试以后的排污费 18 余万元。

三、污泥是潜在的资源

1. 污泥的处置现状

2013 年《中国污泥处理市场分析报告》中表明，目前中国污泥的处置情况：填埋处理约占67%，堆肥占12%，去向不明占18%。大量去向不明的污泥只能是被迫进行转移，造成严重的污染转移，由此衍生出大量违法偷倒、偷排污泥的案例。有的直接把有毒有害污泥丢在荒地、田间、河道、山谷、湖泊等公共环境中，造成新的污染源。特别是土壤的污染，具有潜在性、隐蔽性和滞后性，其危害不可忽视。

表7–1　2017年我国污泥处置情况

填　　埋	65%	焚　　烧	3%
堆　　肥	15%	其他（制砖建林等）	11%
自然干化	6%		

2. 污泥是一种可再生能源

由于污泥内含有大量有机物，故在不同含水率时其所含热值也在变化，当含水率小于40%时，污泥就可以自持燃烧，可见污泥是一种可再生能源。

表7–2　污泥含水分与热值及容量均有明显变化

比例	90%	80%	70%	60%	50%	40%	30%	20%	10%
热值 kcal/kg	−226.5	132	490.5	849.5	1360	1850	2100	2400	3300
体积 m^3	1.0	0.5	0.33	0.25	0.2	0.167	0.142	0.125	0.11

3. 污泥的综合利用

污泥的资源化利用是维持城市可持续发展的必然选择。污泥的综合利用可分为农田林地利用，建筑材料利用和能源化利用三个方面。

（1）污泥的农田和林地利用

污泥经无害化处理后，可制成有机肥或土壤改良剂，替代化肥，供农田林地使用，也可以把污泥和微生物结合，制成微生物有机复合肥。由于污泥中含有有机腐殖质，经无害化处理后，有改善土壤团粒结构，提高土壤保水能力的作用，是一种良好的土壤改良剂，可以用来改造盐碱地或作垃圾填埋场的表层覆盖土。

（2）污泥的建材利用

污泥经干化焚烧后的灰渣，可以制砖，这在国外是成熟技术。灰渣还可以作水泥掺合料，又可以直接加入水泥窑内作为辅助燃料。

（3）污泥的能源化利用

在大中城市的生活污泥中，有机质含量较高，有一定的热值，适宜能源化利用，可以制成固体颗粒燃料，代替煤用作锅炉燃料或作发电厂燃料。污泥可以和畜禽粪便、生活垃圾、农作物废弃物等一起投入沼气池，经厌氧发酵产生沼气，经去除水分和杂质后可供民用燃气，或供沼气发电，也可供锅炉燃烧进行热电联产。污泥还可以经低温热裂解后制成燃料油，经气化后产生低热值燃气，可以和现有的垃圾发电厂、燃煤发电厂、生物质发电厂进行协同焚烧发电。

第三节　污泥的处理处置办法

一、污泥的处理处置目的

有三个方面：

1. 减少污泥的体积，即降低含水率，为后续处理、利用、运输创造条件，并减少污泥最终处置前的容积。

2. 使污泥无害化、稳定化。污泥中含有大量的有机物，还可能含有多种病原菌、寄生虫等有毒有害物质，必须给予消除。

3. 通过处理改善污泥的成分和性质，以利于污泥的资源利用和能源回收。

二、污泥处理处置的相关政策

2009 年 3 月 2 日国家住建部、环保部、科技部下发的《城镇污水处理厂污泥处理处置及污染防治技术政策（试行）》鼓励符合标准的污泥进行土地利用，污泥土地利用应符合国家及地方的标准和规定，污泥土地利用主要包括土地改良和园林绿化等。鼓励符合标准的污泥用于土地改良和园林绿化，并列入政府采购名录，允许符合标准的污泥限制性农用。

2010 年 11 月，环保部《关于加强城镇污水处理厂污泥污染防治工作的通知》规定：污水处理厂应对污水处理过程产生的污泥（含初沉污泥、剩余污泥和混合污泥）承担处理处置责任，其法定代表人或其主要负责人是污泥污染防治第一责任人，污水处理厂以贮存（即不处理处置）为目的将污泥运出厂界的，必须将污泥脱水至含水率 50% 以下。污水处理厂新建、改建和扩建时，污泥处理设施应当与污水处理设施同时规划、同时建设、同时投入运行。不具备污泥处理能力的现有污水处理厂，应当在该通知发布之日起两年内建成并运行污泥处理设施。

2012 年“十二五”全国城镇污水处理及再生利用设施建设规划提出：到 2015 年，实现全国所有城市和县城建有城镇污水处理设施，其中污水处理率：城市污水处理率达到 85%，县城污水处理率平均达到 70%，建制镇污水处理率平均达到 30%。污泥无害化处理处置率：36 个大中城市的污泥无害化处理处置率达到 80%，其他城市达到 70%，县城及重点镇达到 30%。

2014 年 1 月 1 日《城镇排水与污水处理条例》规定：私排污泥者最高可被处以 50 万元罚款。

三、污泥的处理处置办法

污泥处理处置的原则和城市垃圾处理的原则相同，要求实现减量化、无害化和资源化利用。

1. 污泥的处理：就是把含水率 80% 的湿污泥经过浓缩、消化、脱水、干燥等工艺，进行减量化、稳定化、无害化处理，使其含水率降到 40% 以下，便于储存、运输和综合利用，达到减量化、无害化、资源化目标。

2. 污泥的处置，就是对经过处理后的污泥进行消纳的过程。污泥的主要处置办法有填埋、堆肥、制建筑材料、制有机肥、干化、焚烧及各种协同发电等。

（1）填埋（图 7–22）

图 7–22　污泥填埋场施工情况

简单的填埋会产生臭气，污染空气，不能杀灭病原菌和寄生虫卵，更不可能消除重金属等有毒有害物质，会污染土地。国家有条文规定："禁止把未经有效处理的污泥直接投入农田中使用。"填埋还需大量消耗土地，这是一个不可取的处置方法。卫生填埋，操作简单、投资费用小、处理费用低、适应性强，但对卫生填埋提出了更高的要求，特别是防渗漏技术要规范，否则容易导致土壤和地下水的污染。

（2）堆肥（图 7–23）

图 7–23　堆肥工程

由于污泥中含有丰富的有机质，可以为作物提供丰富的氮、磷、钾等营养素。堆肥投资低，运行费用低。堆肥工程，主要接收各污水处理的脱水污泥，生产工艺采用固态好氧发酵工艺，建设规模一般为 200 吨 / 日，年污泥处理量为 7.3 万立方米，年产熟肥产品约 3.6 万吨。堆肥的主要问题是重金属、病原体等的处置不彻底。

（3）制作有机肥（图 7–24）

工业化生产的生物有机肥，发酵充分、品质稳定、肥效高、使用效果好。

它不仅含有植物生长所需要的氮、磷、钾，而且还有改善植物生长所需的多种土壤有益微生物和微量元素，产品优点如下：

① 改良土壤结构；

② 促进微生物活动；

③ 提高肥料利用率；

牛粪发酵处理

羊粪发酵处理

猪粪发酵处理

鸡粪发酵处理

秸秆发酵处理

废弃物发酵处理

图 7–24　各种固体废弃物制作有机肥、发酵处理图

④ 对氮磷钾肥的增效作用；

⑤ 促进种子萌发及根系和营养体的生长；

⑥ 调节植物体新陈代谢过程；

⑦ 增强作物的抗逆性；

⑧ 提高作物抗旱能力；

⑨ 提高作物抗寒能力；

⑩ 对病虫害的防治效果；

⑪ 改善农产品品质。

（4）污泥制砖或制建筑材料（图 7–25）

图 7–25　污泥制砖图

此方法优点：

① 产品无臭味、无空气污染；

② 符合我国“保护农田，节约能源、因地制宜、就地取材”的发展建材总方针；

③ 取代黏土砖，是极有前景的更新换代产品，可实现循环经济再利用的原则。

（5）污泥的焚烧（图 7–26）

图 7–26　污泥焚烧

污泥焚烧处置已有 100 多年历史，国外已很普及，而且广泛使用。污泥干化焚烧处理方法，是一种最好最彻底的处理处置方法，它能使有机物全部氧化，杀死病原体，最大限度减少体积，但焚烧炉的投资较大，运营成本较高。在有条件的情况下，应和附近的燃煤发电厂、燃煤热电厂、生物质能发电厂、垃圾发电厂等协同焚烧发电，可以一举两得。这是国家号召支持的办法，一定要地方政府协调才能实施。

第四节　各种污泥干燥设备介绍

各种污泥干燥设备：

1. DW 系列单层带式干燥机（图 7–27）

图 7-27　单层带式干燥机

2. 圆盘式连续干燥机（图 7-28）

图 7-28　圆盘式连续干燥机

3. 回转滚筒干燥机（图 7-29）

图 7-29　回转滚筒干燥机

4. 快速旋转闪蒸干燥机（图 7-30）

图 7-30　快速旋转闪蒸干燥机

湿污泥由输送设备送入干燥器内，物料在热空气的吹浮、旋转、碰撞、剪切作用下被微粒化，水含量较低。颗粒较小的粒子被旋转的气流夹带上升，进一步干燥，而颗粒较大的粒子，由分级装置分离继续在被破碎、粒化，合格粒子由布袋除尘器收集。

5. 振动流化床干燥机（图 7-31）

图 7-31　振动流化床干燥机

6. 卧式沸腾干燥机（图 7-32）

图 7-32　卧式沸腾干燥机

7. 气流干燥机（图 7–33）

图 7–33　气流干燥机

8. 空心桨叶干燥机（图 7–34）

空心桨叶干燥机由互相啮合的两根桨叶轴、带有夹套的 W 形壳体、机座以及传动部分组成。物料的整个干燥过程在封闭状态下进行。

图 7–34　空心桨叶干燥机

9. 真空耙式干燥机（图 7–35）

图 7–35　真空耙式干燥机

10. 卧式圆盘干燥机（图 7–36）

图 7–36 卧式圆盘干燥机

11. 螺旋压榨式脱水机（图 7–37）

螺旋压榨式污泥脱水机具有很高的脱水效率，与高效率离心脱水机相比，可以节约约 75% 的电能和 40% 的空间。另外，与高效率带式脱水机相比，消耗的电量相同时，约节省 60% 的空间。

图 7–37 螺旋压榨式脱水机

12. 车载压滤机（图 7–38）

图 7–38 车载压滤机

13. 移动式架构体压滤机（图 7–39）

图 7-39 移动式架构体压滤机

14. 卧螺离心脱水机（图 7-40）

卧式螺旋卸料沉降离心机主要应用于城市生活废水、工业废水、化工、食品、制药等行业的固液分离领域。

图 7-40 卧螺离心脱水机

15. 高效节能管束干燥机（图 7-41）

图 7-41 高效节能管束干燥机

16. 太阳能污泥干化系统（图 7-42）

特别设有：（1）污泥翻滚机。（2）工艺鼓风机，使干燥空气贯穿于整个污泥暖房。

图 7-42　太阳能污泥干化系统

17. 高效热泵烘干机

（1）热泵技术是利用空气中的能量，提升其能量品位，用来烘干农产品、粮食、污泥等物料。它可替代电、燃油、燃煤、燃气锅炉的加热作用。

（2）热泵烘干机是一种节能环保产品，热泵机组在工作时消耗 1 度电，同时在空气中取得 3 度电的能量，产生 4 度电的能量，热能效率高达 400%，还节省了煤，减少了温室气体的排放，而且空气能也是一种可再生能源。

（3）热泵产生的热风温度可达 70 ℃～80 ℃，完全可用于市政污泥的干燥。

（4）运行费用比用其他能源干燥节省得多。

热泵烘干机组，工作原理见图 7-43：

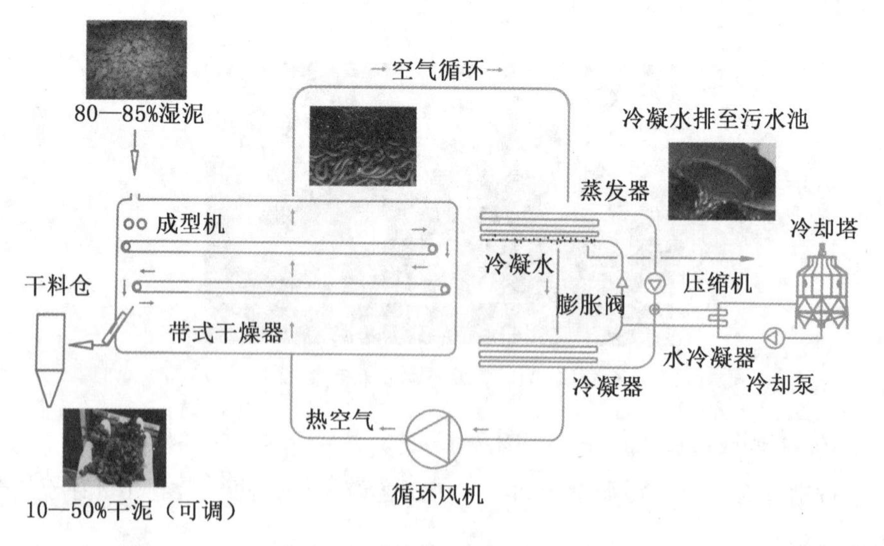

图 7-43　热泵烘干机工作原理图

18. 几种污泥脱水设备性能对比

表 7–3 对比情况一览表

项 目	叠螺式脱水机	板框式脱水机	带式脱水机	离心式脱水机
低浓度污泥脱水	√	×	×	×
省浓缩池	√	×	×	×
24 小时自动运行	√	×	×	×
占 地	▲	▲▲▲	▲▲▲	▲▲
能 耗	▲	▲▲▲	▲▲▲	▲▲▲▲
劳动强度	▲	▲▲▲	▲▲	▲
噪 音	▲	▲▲▲	▲▲	▲▲▲▲
维 修	▲	▲▲	▲▲▲	▲▲▲
运行成本	▲	▲▲▲	▲▲▲	▲▲▲▲

19. 污泥专用流化床干燥装置（图 7–44）

（1）流化床干燥工艺为直接接触干化工艺。其主要设备为：热风炉、加料系统、流化床干燥器、污泥冷却器、旋风除尘器、循环气冷凝、水雾收集器、预热及循环风机、湿污泥仓、干污泥仓及污泥输送装置等。

图 7–44 污泥专用流化床干燥装置

（2）特点：

① 生产能力大、热效率高、操作灵活，可连续安全运行。

② 污泥和床上惰性砂粒充分搅混，蒸发快，不易结块。

③ 污泥含水率可以按需要调节。

④ 蒸汽在干燥机内放热冷凝后，变成热水重新送入焚烧炉。

⑤ 采用多室流化床结构，使污泥停留时间长，干燥均匀。

⑥ 采用闭路循环干燥系统，无烟尘及有害气体排放，安全可靠。

⑦ 干污泥呈颗粒状，即可用于燃烧装置中。

第五节 污泥的干化，碳化和焚烧技术

一、污泥的干化技术

干燥是污泥深度脱水的一种形式，其使用的能量主要是热能，干化干燥是使热能传递到污泥的水中使其汽化的过程，如用太阳能的干化过程称“自然干化”，使用其他能源当作热源的称“污泥干燥”，污泥干燥的能耗较高，每去除 1 公斤水分需消耗 3 000 ～ 3 500 千焦热能。

1. 污泥干化的过程

（1）第一是蒸发过程：物料表面的水分汽化，使水分从物料表面移入到介质中去。

（2）第二是扩散过程：当物料表面水分被蒸发掉后，形成物料表面的湿度低于物料内部的湿度，这时需要热量的推动力将水分从内部转移到物料表面。

2. 污泥干燥的加热方式

（1）直接干燥：是将高温烟气或蒸汽直接引入污泥干燥器，通过气体与湿污泥直接接触，对流方式换热，其缺点是会增加污染性气体。

（2）间接干燥：是将高温烟气的热量通过热交换器，把热量传给蒸汽，蒸汽在一个封闭的回路中循环，与污泥没有接触，间接污泥干燥的缺点是存在一定的热损失，所需的烟气量较小。

3. 用锅炉烟道气余热干燥污泥的优点：

（1）烟气和污泥直接接触干化效率高。

（2）污泥可以吸收烟气中部分 $PM_{2.5}$ ～ PM_{10}，有利于改善大气污染。

（3）污泥可以吸收烟气中约 20% ～ 25% 的二氧化碳，有利于二氧化碳的减少。

（4）可降低污泥干化的运行成本。

4. 回转式滚筒半干化技术

（1）工艺特点：

该工艺的最大特点是利用锅炉烟道气余热，不需要新增热源，真正做到

了节能、降耗、环保、以废制废。本工艺为逆流烘干，负压操作，其直接优点为：一是热利用率高，二是进湿泥端的尾气将湿泥预热，湿泥中的水分以潮气的形式散发出来，将从筒体尾部成品颗粒端的粉尘大部分吸附降解在筒体内进行内部循环，从而从干燥机系统出来的粉尘很少。

（2）回转式滚筒半干化工艺图（图 7–45）：

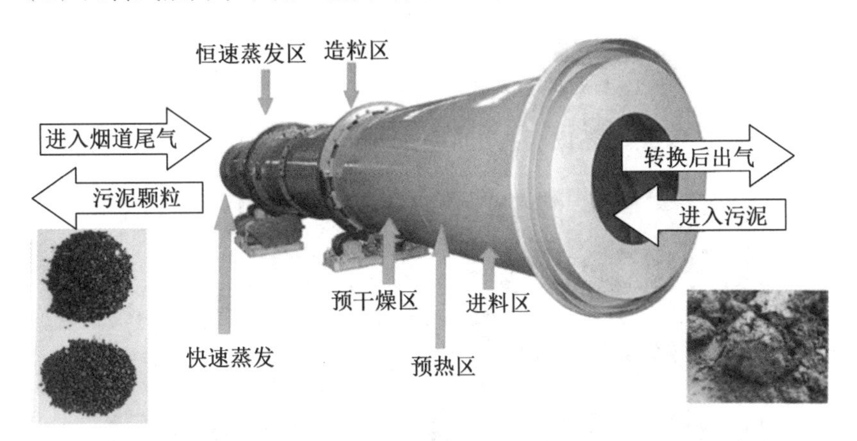

图 7–45　回转式滚筒半干化工艺图

5. 低温余热干燥机干化工艺

污泥低温余热干燥机，采用低温余热干化方式，可适合烟气余热回收，蒸汽冷凝成水，发电机余热，厌氧消化，污泥裂解气化燃烧制热水等。每吨含水 80% 的湿污泥干化至含水 10% 时，综合电耗为 50 kW · h。采用低温余热设计，适合范围更广泛，更节能。

该工艺流程图（图 7–46）：

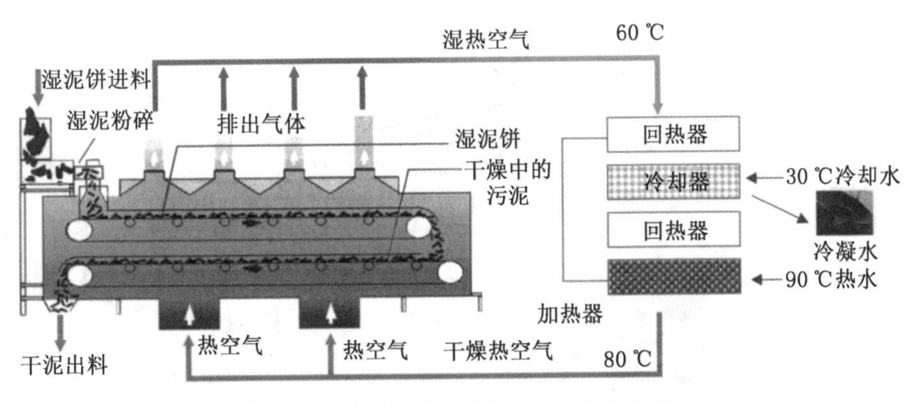

图 7–46　低温余热干燥机干化工艺流程图

6. 离心脱水干化一体化系统

污泥脱水干燥一体化工艺，目前技术已成熟。

（1）工艺特点

① 工艺简单、附属设备少，投资费用比其他方法低 20% ～ 50%。

② 污泥干度可在 60% ～ 90% 之间调整。

③ 脱水和干化在离心机内完成，对外没有废气排放。

④ 占地面积小，是其他工艺的 10% ～ 30%。

（2）设备外形如图 7–47

图 7–47　离心脱水干化一体化设备图

二、污泥的碳化技术

1. 污泥及生物质碳化设备

（1）特点：该设备主要利用微波技术，真空干燥技术和低温裂解无氧碳化技术等高科技手段，将含水率 80% 的污泥、垃圾、工业废渣及生物质等进行碳化，生成易生碳。可用于污水过滤、土壤改良、工业滤材、环保融雪剂等领域。

（2）污泥碳化设备图（图 7–48）：

图 7–48　污泥碳化设备图

（3）核心优势

① 采用微波技术，将污泥中的饱和水分子高频破壁；

② 采用真空低温干燥工艺、高效节能；

③ 采用低温裂解、无氧碳化、生产效率高；

④ 采用环保新技术、智能化控制、无污染、零排放、产品质量稳定；

⑤ 占地面积小，日处理量大，建设投资小，运营成本低。

2. 污泥干化碳化一体化系统（图 7–49）

（1）特点：提供污泥干化碳化一体化解决方案，可将污泥含水率从 80% 直接减少到 0%，整体减量达 85% 以上，可以彻底实现污泥的减量化、无害化、稳定化和资源化。

图 7–49　污泥干化碳化一体化装置图

（2）适用范围：适用于各种有机废弃物如污泥、粪便等。

（3）优势：彻底解决胶粘相问题；无有害气体排放；污泥体积和总量减少 85% 以上；运行费用低、热能可回收利用；炭化产品无害、具有广泛的用途。

3. 污泥低温碳化技术

（1）特点：污泥低温碳化技术，国外开发历史长、技术成熟，运行费用低。是污泥处置的方法之一。由于污水处理厂产生的剩余污泥中，含有大量生物细胞体，用简单机械方法很难脱除细胞体束缚的大量水分。污泥低温碳化就是采用低温技术，使生物细胞裂解，实现污泥中水的分离。碳化后的污泥固体（含水率在30%以下）热值很高（达3 000 kcal/kg），可以作为可再生燃料使用。

（2）其工艺原理图（图7–50）：

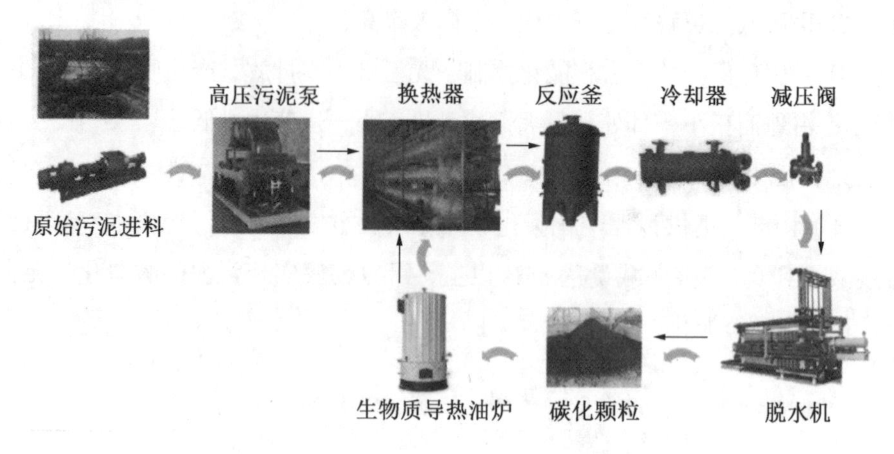

图7–50 污泥低温碳化技术工艺原理图

（3）实际运行中的工程案例：有山西晋中污泥低温碳化工程，日处理污泥100吨，见图7–51：

图7–51 山西晋中污泥低温碳化100吨/日

三、污泥的焚烧处置

污泥的焚烧处置是最有效、最安全、最彻底的处置办法。国外早已被广泛采用，在国内也是国家重点推荐的污泥处置办法。

1. 污泥的焚烧过程：就是将干化后的污泥与空气中的氧气，在高温环境下发生燃烧反应，使污泥彻底氧化分解，达到减量、去毒、杀菌的作用，同时回收污泥中的能量，焚烧后的灰渣可以作建筑材料。

2. 污泥干化焚烧处置有以下优点：

（1）污泥减量化效果明显，污泥的处置速度快，处理量大，适合大、中城市的污泥处理处置。

（2）污泥无害化效果好，对寄生虫卵、病原菌、重金属等有害有毒物质，消除及杀灭最彻底。

（3）污泥的能源化利用效果大，污泥中的有机物可以完全氧化分解，并予以回收，用来发电、供热。如果用烟气余热来干燥污泥，可以提高污泥中能源的利用效率，节省污泥干化成本，焚烧后的灰渣还可以制砖或作建材掺合料。这样就把污泥彻底消纳完，资源化利用效果最大化。

（4）可以就地焚烧，减少了污泥的长途运输，节省了人力、物力和运费，减少对沿途路面的环境污染，减少道路交通的压力。

3. 国外的污泥焚烧设备及焚烧工厂

（1）奥图泰流化床焚烧炉（图 7–52）

适用物料：有市政污泥、农业废弃物、林业废弃物、各种动物粪便等。此焚烧可配置余热锅炉，可实现热电联产工程。

（2）奥图泰高效的鼓泡床能源系统

奥图泰在美国佐治亚州提供世界领先的、高效的鼓泡床能源系统。该先进多级气化系统将生物质转化为 218 t/hr 540 ℃ 103 bar 的过热蒸汽，用于净输出 53.5 MWe（总输出 60 MWe）的可再生能源装置。

该系统代表了迄今为止奥图泰提供的最高效生物质能源系统。

图 7–52　奥图泰流化床焚烧炉

（3）拉斯卡流化床焚烧炉工程

① 特点：污泥等废弃物在炉内停留时间较长、燃烧充分、炉温可达

850 ℃～ 870 ℃，可在炉内脱硫。焚烧炉配置余热锅炉后，可实现热电联产工程。

② 工程实例：德国卡尔斯鲁厄市流化床焚烧工厂焚烧炉工程（图 7–53）。日处理市政干污泥 48 吨，产生过热蒸汽：40 bak，400 ℃、7 t/h，烟气净化用静电除尘及烟气洗涤。

图 7–53　德国卡尔斯鲁厄市流化床焚烧工厂

（4）瑞士苏黎世污泥处置工厂（图 7–54）

瑞士苏黎世选择奥图泰建设世界上最先进的市政污泥处置工厂。供货范围包括污泥接收、自持燃烧和烟气处理系统，工厂满足最严格的环保要求和经济性。该工厂将是瑞士最大的市政污泥处理厂。

图 7–54　瑞士苏黎世污泥处置工厂图

工厂的市政污泥年处理量为 100 000 吨，其中绝大部分来自苏黎世市的污水处理厂。同时，其他污水处理厂的污泥也通过卡车运输到该工厂处理。

奥图泰流化床技术确保生产出清洁、惰性的飞灰。

（5）土耳其乔尔卢热电联产电厂（图 7-55）

奥图泰正在为坐落于伊斯坦布尔西北部 90 公里处的乔尔卢纸厂提供 90 MW 的电厂。在乔尔卢，每年有 1 100 000 吨的包装纸和卡板纸是采用废纸生产的，产生的 450 000 t/a 的副产品（造纸污泥、生物污泥、废弃物和沼气）用于生物质热电联产的燃料，工厂将产生 30 MW 电力用于并网，蒸汽用于生产。

图 7-55　土耳其乔尔卢热电联产电厂图

四、污泥的干化—焚烧处置

1. 浙江三联环保科技股份有限公司（图 7-56）

该公司承担着“十二五”国家科技支撑计划项目课题，研发全部国产化污泥干化—焚烧成套装置。

装置特点：

（1）脱水污泥由运输车运至污泥接收仓。

（2）脱水干泥被输送至转子干化器，通过直接与热烟气接触，在干化器内实现加热和干化。尾气经净化达标后排放。

（3）干化后的污泥与一定比例的辅助燃料充分混合后进入立式清结焚烧炉焚烧，焚烧后形成的碳化物边燃烧边向炉中心移动，燃烬的灰渣，经空气吹冷后，在炉中心的灰渣排出口排出，集中到灰渣收集仓，进行综合利用。

（4）焚烧炉的热烟气，经调温后，回到转子干化器，对污泥进行加热和干化。

图 7–56　浙江三联环保科技股份有限公司

2. 污泥用循环流化床干燥后焚烧

湿污泥由输送设备从上部送入干燥器内，热烟气与湿污泥在床内充分接触，湿污泥经撞击、摩擦、传热等过程后得到干燥，干燥后的污泥，一部分经排料口输出，另一部分细料出流化床经布袋除尘器收集。干燥后的污泥再经物料输送机送入锅炉作为燃料。干燥后的烟气经除尘脱硫，除臭达标后向大气排放。这里污泥干燥工艺中，采用锅炉烟道气余热干化污泥工程有：漯河银鸽纸业、邹城宏河纸业、山东世纪阳光纸业集团等单位。

第六节　几种污泥协同发电方式

一、污泥和大型燃煤电厂协同发电

国电浙江北仑第一发电有限公司污泥干化工程（图 7–57）

2011 年 9 月，由天通吉成机器技术有限公司参与的国电浙江北仑发电厂污泥干化焚烧发电及余热综合利用项目完成试运行，并正式投产。该项目建设地点在北仑发电厂厂区内，主要处理岩东污水厂及江南污水厂污泥。北仑发电厂的污泥处置工艺采用蒸汽以圆盘式干燥机进行间接干化，实现脱水污泥减量化、稳定化、无害化处置。项目建设规模一期 200 t/d，机械脱水污泥（含水率 80%）干化至含水率 40% 以下，干污泥经储存，在输煤系统工作过程中，按比例与原煤混合入炉燃烧。不凝气体送至生物除臭系统处理后达标排放。

图 7-57　国电浙江北仑第一发电有限公司污泥干化工程

二、污泥和燃煤热电厂协同发电

用青浦热电厂蒸汽，送到青浦污泥干化厂干化湿污泥。该厂干化后的污泥送到青浦热电厂，与煤掺烧。如图 7-58。

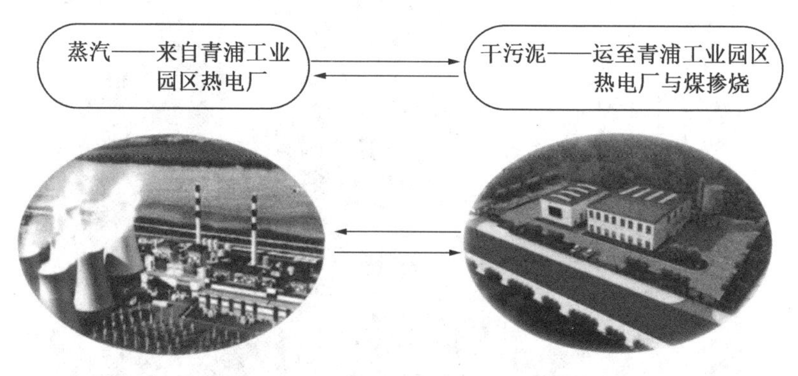

图 7-58　污泥和燃煤热电厂协同发电

青浦污泥干化厂内的情况：

1. 干化机车间（图 7–59）。

有二台污泥干化机，每日能处理 200 吨含水率 80% 的污泥。

图 7–59　二合污泥干化机

2. 污泥臭气净化装置，达标排放（图 7–60）。

图 7–60　污泥臭气净化装置

3. 干污泥筒库，可以装车外运（图 7-61）。

图 7-61　干污泥筒库

三、污泥和垃圾焚烧发电厂协同发电

上海松江天马再生能源有限公司，是一家垃圾和市政污泥协同焚烧的发电厂，各污水处理厂的污泥进入该厂后，用电厂蒸汽进行干燥，并造粒送到垃圾坑内的污泥井内，用抓斗按 30% 污泥的掺入量分别放到各焚烧炉的料斗内，混合垃圾进入垃圾焚烧炉内焚烧，实现了污泥和垃圾的混合焚烧协同发电。

天马再生能源有限公司的厂房外景如图 7-62：

图 7-62　天马再生能源有限公司厂房外景

1. 建设规模

一期工程日处理生活垃圾 2 000 吨，发电量 2 亿度以上。主要设备配置四台垃圾焚烧炉，单台炉日处理能力为 500 吨，往复式机械炉排炉，配四台额定蒸发量为 47 吨 / 小时的余热锅炉，配置两台装机容量为 20 MW 汽轮发电机组，将多余的电力升压到 35 kV 送上当地电网。

2. 主要设备介绍

（1）垃圾储坑

垃圾坑可存放 7 天的垃圾量，垃圾翻动及向垃圾焚烧炉的投料等采用半自动抓斗起重机（图 7–63）。

图 7–63　半自动抓斗机起重机

（2）垃圾焚烧炉（图 7–64）

采用目前国际先进水平的机械往复式炉排炉，炉排分干燥段、燃烧Ⅰ段，燃烧Ⅱ段和燃烬段。渗沥液浓缩后回喷焚烧减量，渗沥液厌氧生化产生沼气，用于助燃。保证炉温在 850 ℃以上，炉烟在炉内停留 2 秒钟以上，确保二噁英被分解。

图 7-64　焚烧炉外形图

（3）余热锅炉（图 7-65）

每台垃圾焚烧炉配一台余热锅炉，额定蒸发量为 47 吨 / 小时，用于给汽轮发电机组发电。

图 7-65　余热锅炉图

（4）汽轮发电机组（图 7-66）

配置的两台 20 MW 汽轮发电机组，汽轮机型号：N18-3.8。

额定进汽量：86 吨 / 小时

发电机型号：QF-20-2

额定功率：20 MW

图 7–66 汽轮机车间

（5）烟气处理系统（图 7–67）

图 7–67 烟气净化设备图

采用国际最先进工艺技术：

A. 炉内喷尿素

B. 干法消石灰喷射

C. 减温塔

D. 布袋除尘器

E. 湿式洗涤塔

F. 烟气再加热

（6）飞灰稳定化处理（图 7–68）

锅炉烟气处理系统中产生的飞灰，采用添加螯合剂，在混炼机内充分搅拌，稳定后装在聚丙烯防水袋内，外运安全填埋。

图 7–68　飞灰稳定化处理系统

（7）降噪设施

针对冷却塔、汽轮机、空压机、风机等主要噪声源，采用消声器、隔声罩、吸声吊顶、墙体吸声材料、隔声门窗等多种有效措施，达到工业企业厂界环境噪声 I 类标准。

（8）中央控制室和自动化控制系统（图 7–69）

在中央控制室可实现整个垃圾焚烧厂的生产运行的监视和控制。完成数据采集（DAS），模拟量控制（MCS），顺序控制（SCS），联锁保护。

图 7–69　图为中央控制室

第八章　沼气发电大有作为

第一节　沼气概述

很久以前，人们发现在池塘附近植物腐烂的地方会产生一种气体，如果不小心在附近点燃火种，这种气体会立即燃烧起来，发出蓝色的火焰，人们把这种气体叫沼气。

1. 沼气的性质

沼气的化学名称是甲烷，它是一种无色无味的气体，比空气轻一半。甲烷难溶于水，易燃，燃烧时产生淡蓝色火焰，当空气中混有 5.3% ～ 14% 的甲烷时，遇火种就会发生爆炸。煤矿中的“瓦斯”爆炸，指的就是甲烷所引起的爆炸。

2. 沼气的成分

沼气中主要含有甲烷（CH_4），含量约为 55% ～ 70%，是主要可燃气；二氧化碳（CO_2），含量约为 25% ～ 40%，是不可燃成分；硫化氢（H_2S），含量较少；氮气（N_2），含量较少；一氧化碳（CO），含量较少；氢气（H_2），含量较少等。沼气中的成分受发酵原料、发酵条件和发酵工艺不同而变化的。

3. 产生沼气的原料

在农村常用的产生沼气的原料有：农作物秸秆（稻、麦、玉米、大豆、花生等）、树叶、野草、牛、羊、马、猪、人等的粪便。

不同原料发酵沼气的产量不同，如下表所示：

表 8-1　不同原料发酵沼气产量一览表

原料种类	沼气产量 m^3/ 吨干物质	甲烷含量 %
青　草	630	70
麦　秆	432	59
树　叶	210 ～ 294	58
废物污泥	640	50

4. 沼气的应用

在广大农村，利用废弃农作物废料、树叶、杂草、畜禽人粪便经沼气池内的厌氧发酵产生的沼气，可以用来作农村家用燃料及照明。沼渣可以作肥料。

如果规模较大的沼气工程，可以把沼气去除水分和杂质后，供燃气交通工具使用，也可以并入当地天然气管网中去。

沼气工程产生的沼气也可以作锅炉燃料，产生蒸汽用以发电，或用沼气搞热电联产工程。

沼气工程也可以直接搞沼气发电厂，供当地使用，多余电力可并入电网。

沼气产量预测

整个工厂不仅可自动化运行，而且通过分析来料的成分和构成，通过 Bio-Tip 模拟软件在工厂投运前 180 天模拟预期的生化参数，包括沼气产量，从而预知项目建成后的经济效益，同时能够帮助预防和解决生物过程可能出现的问题（图 8-1）。

图 8-1　自动化沼气工厂

第二节　沼气池的建设

1. 易在农村推广的农家沼气池

在农村要制取沼气，除了要备足产生沼气的原料外，最重要的是要建造一座密闭的沼气池。如图 8–2 所示：

图 8–2　建设中的沼气池

在广大的农村，适宜推广小型户用沼气池，一户一池，一般为 6 ～ 8 立方米的地下沼气池，结构简单，投资少。在 20 世纪 80 年代，浙江省有户用沼气池约 17 万户，都是钢筋混凝土结构，质量好，而且把猪栏、厕所与沼气池三连通，保证了连续自动进料。

每家农户把畜禽粪尿、厨余垃圾、秸秆树叶等，投入沼气池内，在厌氧细菌作用下，经过发酵，才会产生沼气。秸秆直接燃烧热能利用率只有 10%，秸秆投入沼气池产生沼气热能利用率可提高到 80%，秸秆是产生沼气的最理想原料。

启用沼气池产生的沼气，除了可保证农户家的炊事用气、照明用气外，其沼液沼渣也是很好的有机肥料。综合利用效益显著，形成以沼气为纽带的生态良性循环的庭院式经济。

2. 大中型的沼气集中供气工程

（1）江西省良种场污水处理沼气工程

江西省良种场污水处理沼气工程主要承担处理江西淀粉厂和良种场畜牧分场两股废水。过去，这两个单位每天排放的约 200 吨废水连同畜粪和玉米渣皮，未经处理全部排往赣抚平原渠道内，严重污染着莲塘镇的饮用水源，群众意见很大。江西省农业厅想方设法组织筹措了 60 多万元资金来处理这一污染源，其中沼气工程 31 万，其余用于淀粉厂废水固液分离和烘干玉米渣以提供饲料。经过半年时间的紧张施工，工程按照省人大的要求按时高质量地竣工并投入运行。

这座工程共有厌氧消化即沼气池 860 m^3，预处理池及沉渣池 120 m^3，氧化塘 720 m^3，储气柜 120 m^3，连同输气管道、工作房、围墙及其他设施，总投资 31 万元，相当于国内其他同类规模的沼气工程造价的一半。这主要有以下措施：一是在设计上积极采用了新技术、新工艺；二是领导重视保证工程按时高质量完成；三是责任到人，奖罚分明，充分调动了施工人员的积极性。

（2）图 8-3 为杭州市半山区灯塔鸡场 500 立方米沼气集中供气工程

图 8-3　杭州半山区灯塔鸡场沼气集中供气工程

3. 利用太阳能热泵系统供热提高沼气产量

利用太阳能-热泵热量回收系统给发酵器加热，从而使发酵温度增至 35℃～ 50℃。整个流程是这样的，15℃的冷水流过出料槽，从废料中吸取热量，再经太阳能贮热罐将温度升至 25℃。然后进入蒸发器放热。热泵系统的压缩机由沼气发动机驱动。在热泵中低品位 25℃的热量在蒸发器被吸收，而在冷凝器处以高品位 40℃～ 60℃的热量放出用来重新加热发酵器出来的循环水。于是 40℃～ 60℃的循环水进而在发动机冷却器内被加热到 70℃进入发酵池，提高发酵器内的温度。

据计算，一个容积为117 m^3的发酵器，进料2 000公斤，如果发酵器温度始终保持在35℃左右，日产沼气量可达107 m^3，比常温发酵池高出2～3倍。

如果发酵器供热不用太阳能系统，单用热泵，在上海地区也是可行的。一般来说，只要保证热泵供热系数 ε hmin ＞ 3，热泵系统就节能，数值愈大节能率愈高。

第三节　沼气的生产流程

1. 沼气的产生分两个阶段

一是水解产酸：在水解产酸阶段，大分子有机物质会被生物降解转化成可溶性有机物。富含有机质的液体（渗滤液）先储存在一个储罐中，然后再输送到产甲烷阶段。

二是产甲烷阶段：采用固定床反应器，填料比表面积很大，确保了反应器内微生物的数量，由于在甲烷反应器中有机酸得到降解并且转化成生物沼气，储存在另一个储罐中。

2. 通过沼气设备产生沼气的全过程（图8–4）

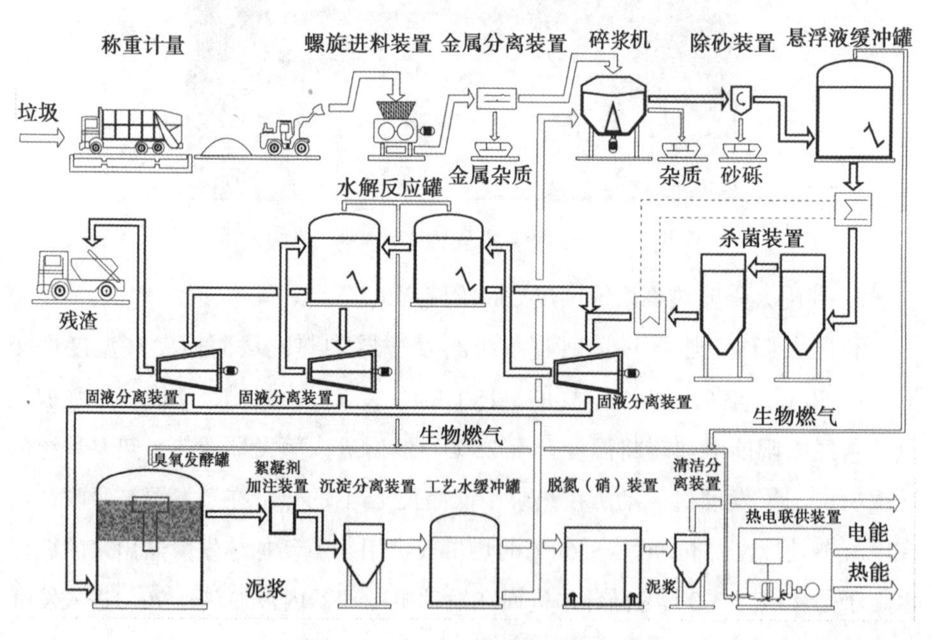

图8–4　垃圾的厌氧消化处置方式

3. 废弃物湿式发酵技术

湿式发酵工艺主要适用于结构相对简单的物料，如餐厨垃圾，饲料、饮料和食品行业的工艺废弃物，农业垃圾，畜禽粪便等。绝大多数的商业和工业垃圾属于此类，而且其有机物质成分比较高。在隔绝空气或氧气的条件下，厌氧微生物将物料逐步降解转化成生物沼气，用于电能、热能或天然气的生产。

作为湿式发酵的副产品，沼液及沼渣可以作为理想的肥料使用。

湿式发酵池的中间要装上大型搅拌设施、增加产气量，如图 8-5、8-6。

图 8-5 安装立式发酵罐中的中央搅拌器

图 8-6 立式发酵罐中的中央搅拌器

4. 几家国外的沼气工厂

（1）瑞典某沼气工厂

该沼气工厂用来处理家庭垃圾、工业废弃物及回收站垃圾。工厂将垃圾分类为：可循环回收利用类、可产沼气类、可燃烧类、有害垃圾类。

沼气工厂内有两条预处理线，对垃圾进行分选、均质、杀菌，然后在 55℃下进行高温厌氧消化，工厂每年处理生物垃圾 3 万吨，产生沼气 350 万立方，生物肥料 2 500 吨。沼气提纯后用于车用燃料，沼渣经脱水和堆肥处理作为有机肥使用。

图 8-7 为沼气工厂的厌氧罐。

图 8–7　瑞典某沼气工厂

（2）法国某生物沼气厂（图 8–8）

图 8–8　在 Les Herbiers（法国）的生物沼气厂

（3）瑞典北雪平某生物制沼气工厂（图 8–9）

该厂每年生产 150 000 m^3 乙醇，130 000 吨蛋白动物饲料。生产过程中产生的废水送入厌氧沼气工厂，日处理废水能力为 1 400 m^3。

图 8–9　瑞典北雪平 AgroEtanol 沼气工厂

（4）瑞典林雪平市某沼气工厂（图 8–10）

这是世界上大型的沼气工厂之一，在这里农作物垃圾、屠宰场垃圾及粪便分解产生生物甲烷。工厂每年产生 45 000 000 m^3 高纯度沼气及 100 000 吨的生物肥料。甲烷气作为车用燃料为林雪平市 70 辆公共汽车及 500 辆其他车辆供气。消化残渣冷却后作为肥料用于林地施肥，回收的热量用于工厂加热工艺。这是一个高质量的封闭系统，自 1996 年开始稳定运行。

图 8–10　瑞典林雪平市 Svensk 沼气工厂

第四节　秸秆沼气工程

1. 2013 年某装甲团秸秆沼气采用 CSTR 工艺工程（一期为双膜气柜，二期为单膜气柜）总包工程，秸秆作为发酵原料，产生沼气供 30 多个连队炉灶使用。

秸秆沼气部分工程实例如图 8–11：

图 8–11　秸秆沼气工程

规格：ϕ10 m×H10.5 m×2 座　双膜气柜 400 m^3，干式单膜气柜 500 m^3

2. 2012 年安阳市秸秆沼气工程—磊口乡集中供气工程

沼气供给周围 400 多户日常使用。储气柜规格 φ9 m × H9.5 m × 1 座（图 8-12）。

图 8-12　安阳市秸秆沼气集中供气工程

3. 江苏泗阳县农民投资秸秆气化站“一人烧火，全村做饭”。

2012 年初，江苏泗阳县农民投资 200 万元，个人投资 30 万元建立秸秆气化站，把秸秆经闷烧、除尘、除焦、洗涤、分离、净化等工序，产生“秸秆气”，进入 500 m^3 储气罐，再通过管道送到各家各户。每亩麦田产秸秆 250 公斤，一斤麦秆产生 1 m^3 秸秆气，要 500 斤麦草可充满罐。每户人家一天用气 5 m^3，300 户人家一天用气 1 500 m^3，要用麦秆 1 500 斤，帮助农民消化掉 6 万多亩田生产的麦秆。

第五节　畜禽粪沼气工程

1. 家禽、牲畜的日排泄量

表 8-2　畜禽日排泄量一览表

种类	体重（kg）	粪便干物质含量	粪（kg）	尿（kg）	合计（kg）
猪	50	18.50%	1.5 ~ 2.0	3 ~ 4	4.5 ~ 6
肉牛	500	16.70%	15 ~ 20	20 ~ 25	35 ~ 45
奶牛	500	17.20%	25 ~ 30	25 ~ 30	50 ~ 60
马	500	22.00%	15	15	30
羊	15	34.50%	1.5 ~ 2.6	0.6 ~ 2	2.1 ~ 4.6
鸭	2	30.00%	0.12 ~ 0.17	0	0.12 ~ 0.17
鸡	1.5	30.00%	0.08 ~ 0.1	0	0.08 ~ 0.1

2. 畜禽粪沼气工程流程（图 8-13）

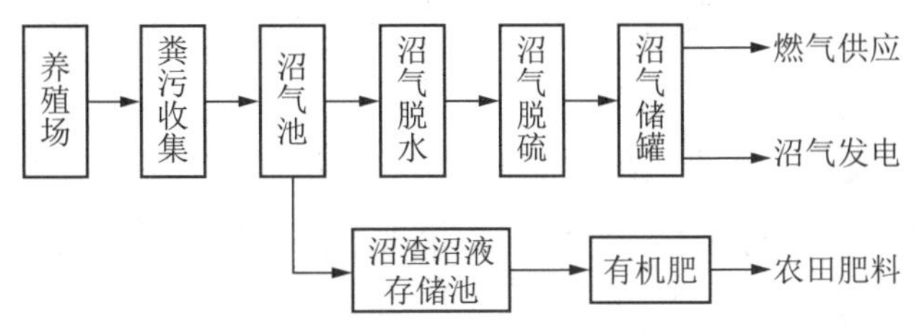

图 8-13 畜禽粪沼气工程流程图

3. 一种新型便携式沼气池（图 8-14）

小型沼气工程：50 m^3

中型沼气工程：300 m^3

适用于养殖场粪污处理，学校、企业等餐厨垃圾处理，大棚果蔬废弃物处理。

图 8-14 新型便携式沼气池

4. 国内几家大型养殖场沼气工程

（1）山东民和牧业：

在山东蓬莱市，2014 年建成 70 000 m^3/ 日沼气工程。

日处理能力：鸡粪 700 吨、污水 800 吨。

日产沼气量：70 000 m^3。

（2）江苏大丰建粪污处理中心：

2014 年财政部、农业部合建的畜禽粪污处理试点项目。

日处理能力：收集100家蛋鸡场鸡粪220吨，

日产沼气量：20 000 m^3。

（3）中广核衡水沼气工程：

2016年发改委、农业部在河北衡水市建设沼气试点工程。

日处理能力：秸秆460吨、牛粪460吨、酒糟500吨、果蔬垃圾120吨

日产沼气量：18万立方

减排温室气体：72万吨/年

第六节　餐余垃圾、工业废水及污泥等沼气工程

1. 杭州天子岭餐厨垃圾处理工程（图8-15）

处理能力：餐厨垃圾200吨/天

沼气产量：15 000立方/天

减排温室气体：6万吨/年

图8-15　杭州天子岭厨房垃圾沼气工程

2. 常州餐厨垃圾处理工程（图8-16）

处理能力：餐厨垃圾200吨/天

沼气产量：15 000立方/天

减排温室气体：6万吨/年

图 8-16 常州市厨余垃圾处理工程

3. 青岛十方餐厨垃圾车用生物天然气工程（图 8-17）

处理能力：餐厨垃圾 200 吨 / 天

沼气产量：15 000 立方 / 天

车用生物天然气：9 000 立方 / 天

减排温室气体：6 万吨 / 年

图 8-17 青岛十方厨余垃圾处理工程

4. 泰国 TPK 公司木薯酒精废水沼气发电项目（图 8-18）

处理能力：酒精废水 2 500 吨 / 天，COD 65 000 毫克 / 升

沼气产量：73 000 立方 / 天

沼气发电量：146 250 千瓦时 / 天

减排温室气体：29.2 万吨 / 年

图 8-18　泰国 TPK 公司废水沼气发电工程

5. 浙江新昌制药厂制药废水沼气工程（图 8-19）

处理能力：制药废水废渣 10 吨 / 天

沼气产量：200 立方 / 天

减排温室气体：800 吨 / 年

图 8-19　浙江新昌制药厂废水沼气工程

6. 海南澄迈车用沼气工厂（图 8-20）

该项目的首座沼气工厂，选址于澄迈县老城经济开发区，投资 1.6 亿元人民币，占地面积 50 亩，日处理猪粪、香蕉秸秆、市政污泥及市政有机垃圾等有机废弃物共 500 吨。项目工艺采用普拉克有机垃圾厌氧消化技术，产生的沼气经后续沼气提纯等净化工艺后提纯成天然气作为车用燃料使用，日产车用燃气 2 万立方米，可满足 250 辆公交车或 1 000 辆出租车的燃料需求。沼渣经过干化减容，将被用作肥料。项目建成后将全面向海口市公交车及出租车供气。

图 8-20　海南澄迈首座沼气工厂

7. 山东华泰污水处理厂（图 8-21）

山东华泰纸业是中国最大制浆造纸企业之一，由于企业规模扩大产量升高，后期增加了一个处理量 60 000 m^3/d 的污水处理工厂。污水污泥进入两个充分搅拌混合的厌氧反应器，每天大约产沼气 75 000 标准立方米。沼气中的甲烷含量为 50%—60% 用来为工厂供热。COD 去除率为 65%—70%，日节约 54 吨标准煤。

图 8-21　山东华泰污水处理厂

8. 河南白云纸业污水处理厂（图 8-22）

污水处理厂处理规模 48 000 m^3/d，废水来源为制浆中段废水及洗草废水。

采用普拉克ANAMET厌氧处理工艺SELAC厌氧处理工艺以及PAC化学沉淀三级处理工艺。厌氧污泥可进入厌氧罐进行消化，减少了污泥处理费用，节约了氮磷投加，节约运行成本。同时，还增加了沼气产量，可用做锅炉燃料为厂区供热。

图 8-22　河南白云纸业污水处理厂

9. 河北马利酵母污水处理厂（图 8-23）

图 8-23　河北马利酵母污水处理厂

该项目废水来源于酵母生产过程，整个工程分为三期。废水处理厂建成后，高浓度废水经厌氧消化后可达到COD去除率96%，总氮去除率 92%。每天可去除 8 吨 COD，生产约 4 000 立方米沼气，沼气可以用做锅炉燃料为酵母生产供热，从而实现能源的再生利用，产生可观的经济效益。

第七节　纸和食品废物合成沼气技术

俄科学家开发出用纸和食品废物合成生物沼气技术

俄杂志《应用生物化学和微生物学》2012 年第 4 期中的《用微生物群落分解纸浆和食物残渣产沼气》文章披露，莫斯科罗莫诺索夫国立大学生物系专家分离出了能有效将纸和食品废物变成生物沼气的微生物群落。

俄专家采用这种方法获取的沼气，含甲烷 55% ～ 70%、碳酸气体 30% ～ 45%，沼气组分中还包括微量氢气、硫化氢、氨、氮、芳香烃、卤素芳香烃等，其中的能量比其他类型的替代燃料要高。与生产生物柴油和生物乙醇不同，这种沼气的生产不需要专门种植农作物。

研究中，俄研究人员从堆肥堆，葡萄浆，奶牛、兔、斑马、马、羚羊、牛羚、黑象等动物肥堆，堪察加温泉，池塘、水库中的淤泥，蚯蚓粪便等不同源中分离出细菌。在厌氧条件下，在合成的液体介质中，加入粉碎后的纸板、打印后的办公废纸、植物和动物食品废弃物，培养细菌。这样，研究人员发现了合成沼气最有效的微生物群落。该微生物群落在废纸中的生长过程中，产出的甲烷得率为 190 ～ 260 毫升 / 克纸浆，而在食物残渣中，甲烷得率为 230 ～ 253 毫升 / 克酶解物。该结果可与国外采用食物、固体垃圾生产甲烷的得率指标媲美，甚至有超越。研究者特别强调，甚至不需要用酸或碱对废纸做预处理，而且培养液中也没有昂贵成分。

该生物群落在 37℃～ 55℃的温度条件下合成沼气，温度越高，沼气合成过程就越快、越有效。在温度 37℃以下，能耗低，会生成伴生气体，比如氨气，氨气会抑制合成过程。因此，专家可以根据需求，选择最佳的沼气合成条件。

第八节　沼气发电

1. 沼气发电的流程如图 8-24：

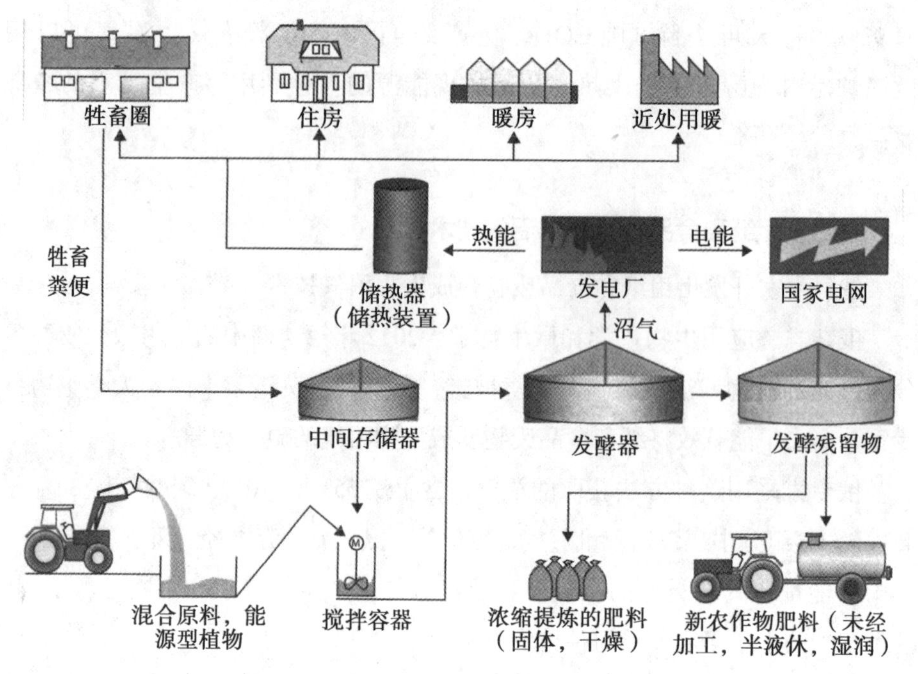

图 8-24　沼气发电流程图

沼气发电项目实例，如泰州实施规模养殖场公布式沼气发电项目。

继传统的燃煤发电和新型生物质发电之后，又一种新型环保能源——沼气发电项目，在江苏姜曲海种猪场开工建设。“姜曲海种猪场沼气发电项目实施后，可完全满足江苏现代畜牧科技示范园内种猪场、国家水禽基因库、水禽繁育推广中心、宠物繁育推广中心、办公区等各功能区的用电需求。除有机肥料出售等收益外，最保守估算，每年可为园区增收节支 43.8 万元。”江苏现代畜牧科技示范园主任赵旭庭说。

利用养殖场畜禽粪便产生的沼气发电，犹如建造了一座微型“坑口电站”，是大中型养殖场实现污染物零排放的最佳选择，也是发展循环经济、实现生态养殖的有益尝试。

2. 沼气发电设备介绍

（1）发电机组对生物质气的要求

① 在距离燃气机组燃气进气阀 1 m 内；

② 秸秆气温度≤ 40 ℃；

③ 秸秆气压力 3—10 kPa，压力变化率≤ 1 kPa/min；

④ H_2S ≤ 200 mg/Nm^3;

⑤ NH_3 ≤ 200 mg/Nm^3;

⑥ 焦油含量≤ 200 mg/Nm^3;

⑦ 杂质粒度≤ 5 μm, 杂质含量≤ 30 mg/Nm^3;

⑧ 秸秆气中水分含量≤ 40 g/Nm^3;

⑨ 气体热值≥ 4.2 MJ/Nm^3。

（2）沼气发电机组型化

① 开架式（图 8–25）

图 8–25　开架式沼气发电机组

② 静音型（图 8–26）

图 8–26　静音型沼气发电机组

③ 集装箱型（图 8-27）

图 8-27　集装箱型沼气发电机组

3. 沼气发电机组并网发电

山东省首个沼气发电项目——青岛市麦岛污水处理厂污泥沼气发电机组成功并网发电，在全省同行业中率先实现了污泥资源化综合利用，标志着多年来困扰污水处理厂的污泥处置课题实现了新突破。

麦岛污水处理厂作为 2008 年奥运会帆船比赛的配套保障工程之一，污水处理、污泥处置工程已于 2007 年 7 月份投入正式运行。目前，麦岛污水处理厂稳定运行，日均处理污水能力达到 10.7 万立方米，大大地削减了前海一线海域的污染物排放量，确保了前海一线海域海水水质，为 2008 年奥运会帆船比赛的顺利举行创造了良好的环境条件。

为充分利用污泥消化产生的沼气，麦岛厂在采用两台油气两用热水锅炉的基础上增加了 4 台 500 kW 沼气发电机组。该沼气发电机组单台耗气 200 立方米 / 小时，发电功率达到 400 kW。为实现节能增效，青岛光威污水处理有限公司、青岛威立雅水务运营有限公司启动了沼气发电机组项目建设，于 2008 年 5 月顺利办理完成有关并网发电手续。经过检查、调试、试运行，4 台机组分别顺利完成试车，并于 2008 年 6 月 5 日下午成功并网发电。

青岛市麦岛污水处理厂：

日产含水率 80% 的湿污泥 60 立方米；

日产沼气 1 ～ 1.5 万立方米；

采用 4 台沼气发电机组，每天发电 16 800 度；

平均 1 立方米沼气可发电 1 ～ 1.5 度；

麦岛污水厂日用电量为 35 000 度，一半用电可自给；

节省了污水厂的运行成本。

4. 沼气热电联产项目

（1）热电联供设备（图 8-28）

图 8-28　沼气热电联供设备

（2）江苏太仓新太酒精醪液沼气热电联产工程（图 8-29）

UNDP/GEF 示范项目

处理能力：酒精醪液 2 000 吨 / 天

沼气产量：85 000 立方 / 天

减排温室气体：34 万吨 / 年

图 8-29　太仓新太酒精醪液沼气热电联产工程

（3）项目名称：伟能集团某沼气热电联产项目（图 8–30）

项目类型：沼气发电机组 NO_x 治理

匹配机型：mtu 12V4000GS 型 1 169 kW 沼气发动机

产品型号：GV60-GETX-14

图 8–30　伟能集团沼气热电联产工程